上海市工程建设规范

道路照明工程建设技术标准

Technical standard for street lighting engineering construction

DG/TJ 08—2214—2024
J 13579—2024

主编单位:上海市城市建设设计研究总院(集团)有限公司
　　　　　上海市城市综合管理事务中心
批准部门:上海市住房和城乡建设管理委员会
施行日期:2024 年 2 月 1 日

同济大学出版社

2024　上海

图书在版编目(CIP)数据

道路照明工程建设技术标准 / 上海市城市建设设计研究总院(集团)有限公司,上海市城市综合管理事务中心主编.—上海:同济大学出版社,2024.3
ISBN 978-7-5765-1086-7

Ⅰ.①道… Ⅱ.①上… ②上… Ⅲ.①街道照明-技术标准 Ⅳ.①TU113.6-65

中国国家版本馆 CIP 数据核字(2024)第 036724 号

道路照明工程建设技术标准

上海市城市建设设计研究总院(集团)有限公司
上海市城市综合管理事务中心　　　主编

责任编辑　朱　勇
责任校对　徐春莲
封面设计　陈益平

出版发行　同济大学出版社　　www.tongjipress.com.cn
　　　　　(地址:上海市四平路1239号　邮编:200092　电话:021-65985622)
经　　销　全国各地新华书店
印　　刷　浦江求真印务有限公司
开　　本　889mm×1194mm　1/32
印　　张　4.25
字　　数　106 000
版　　次　2024 年 3 月第 1 版
印　　次　2024 年 3 月第 1 次印刷
书　　号　ISBN 978-7-5765-1086-7
定　　价　50.00 元

上海市住房和城乡建设管理委员会文件

沪建标定〔2023〕439 号

上海市住房和城乡建设管理委员会
关于批准《道路照明工程建设技术标准》为
上海市工程建设规范的通知

各有关单位：

由上海市城市建设设计研究总院（集团）有限公司、上海市城市综合管理事务中心主编的《道路照明工程建设技术标准》，经我委审核，现批准为上海市工程建设规范，统一编号为 DG/TJ 08—2214—2024，自 2024 年 2 月 1 日起实施。原《道路照明工程建设技术规程》（DG/TJ 08—2214—2016）同时废止。

本标准由上海市住房和城乡建设管理委员会负责管理，上海市城市建设设计研究总院（集团）有限公司负责解释。

特此通知。

上海市住房和城乡建设管理委员会
2023 年 8 月 21 日

前　言

根据上海市住房和城乡建设管理委员会《关于印发〈2021年上海市工程建设规范、建筑标准设计编制计划〉的通知》（沪建标定〔2020〕771号）的要求，原《道路照明工程建设技术规程》DG/TJ 08—2214—2016主编单位上海市城市建设设计研究总院（集团）有限公司会同上海市城市综合管理事务中心，组织参编单位深入调查研究规程几年来的实施成果和城市建设对道路照明的需求，认真总结本市及国内道路照明工程建设的实践经验，并在广泛征求意见的基础上，对《道路照明工程建设技术规程》进行全面修订而编制成本标准。

本标准的主要内容有：总则；术语和符号；基本规定；设置要求；照明方式；照明设施；照明供电；监控系统；节能；施工与验收。

本次修订内容主要包括：

1　适用范围：增加乡村道路、公共区域、地下道路及隧道照明的建设、管理要求，深化对高速公路、快速路主线及立交照明的要求。

2　设计标准：补充公路、乡村道路、公共区域的照明标准值，测试更新了机动车道的LPD值。

3　技术规格：响应节能减排政策，对灯具能效、节能相关的技术规格进行提标。

4　控制要求：结合ACU设备升级改造契机，优化系统架构、设备功能，细化照明控制要求。

5　验收标准：纳入道路改扩建工程交通便道的照明要求，规范本市照明工程的验收流程，更新验收移交的执行要求。

6　附录资料：增加路灯安装、布设、配光的参考图示，增加管理部门对灯具、灯杆、接线盒、控制箱、防坠落装置等设施的技术要求。

各单位及相关人员在执行本标准过程中,如有意见和建议,请反馈至上海市住房和城乡建设管理委员会(地址:上海市大沽路 100 号;邮编:200003;E-mail:shjsbzgl@163.com),上海市城市建设设计研究总院(集团)有限公司(地址:上海市东方路 3447 号;邮编:200125;E-mail:shenzhoubiao@sucdri.com),上海市建筑建材业市场管理总站(地址:上海市小木桥路 683 号;邮编:200032;E-mail:shgcbz@163.com),以供今后修订时参考。

主 编 单 位: 上海市城市建设设计研究总院(集团)有限公司
上海市城市综合管理事务中心

参 编 单 位: 上海浦东建筑设计研究院有限公司
上海路辉智能系统股份有限公司
中电科公共设施运营管理有限公司
上海林龙电力工程有限公司
上海市区电力照明工程有限公司
上海平可行智能科技有限公司
上海新建设建筑设计有限公司
上海画谷电力设计工程有限公司

主要起草人: 陈　洪　沈宙彪　陈锋锋　赵　宁　黄慰忠
贾晓海　戴孙放　马亚博　胡协春　尹　伟
顾国昌　宋启宇　高旭旻　万善余　吴　军
杨勤华　包志浩　成　荣　陈　元　刘玉喆
唐晓峰　胡金华　顾　香　陈馥音　吴晓航
任　超

主要审查人: 梁荣庆　王　晨　邓云塘　陆　敏　郭　菲
钱观荣　张兴军

上海市建筑建材业市场管理总站

目 次

Contents

1 总　则

1.0.1 为规范本市城乡道路照明工程建设,提高道路照明质量,达到保障交通安全、维护公共秩序、美化城乡环境的目的,倡导道路照明的新技术应用和数字化管理,制定本标准。

1.0.2 本标准适用于本市新建、扩建和改建的城市道路、公路、乡村道路、公共区域及与道路相关场所的功能性照明工程建设。

1.0.3 道路照明工程建设应按照安全可靠、技术先进、经济合理、节能环保、维修方便、有利于统一管理的原则进行。

1.0.4 道路照明工程建设除应符合本标准外,尚应符合国家、行业和本市现行有关标准的规定。

2 术语和符号

2.1 术　语

2.1.1　灯具光通量(F)　luminaire flux

灯具辐射到空间的光的量值,单位为流明(lm)。

2.1.2　灯具光通量维持率　maintenance rate of luminous flux

灯具在规定条件下连续点亮规定时间后的光通量与初始光通量之比,单位为百分比(%)。

2.1.3　光强(I)　luminous intensity

给定方向上单位立体角内的光通量,单位为坎德拉(cd)。

2.1.4　亮度(L)　luminance

光从发射面上任意一点向观测方向正投影单位面积上的光强,单位为坎德拉/平方米(cd/m^2)。

2.1.5　路面平均亮度(L_{av})　average road surface luminance

在路面上预先设定的点上测得的或计算得到的各点亮度的平均值,单位为坎德拉/平方米(cd/m^2)。

2.1.6　路面亮度总均匀度(U_o)　overall uniformity of road surface luminance

路面上最小亮度与平均亮度的比值。

2.1.7　路面亮度纵向均匀度(U_L)　longitudinal uniformity of road surface luminance

同一条车道中心线上最小亮度与最大亮度的比值。

2.1.8　照度(E)　illuminance

物体表面被照明程度的量值,定义为单位面积上接受的光通量,单位为勒克斯(lx)。

2.1.9 路面平均照度(E_{av})   average road surface illuminance

在路面预先设定点上测得的或计算得到的各点照度的平均值,单位为勒克斯(lx)。

2.1.10 路面照度均匀度(U_E)   uniformity of road surface illuminance

路面上最小照度与平均照度的比值。

2.1.11 路面平均亮度(照度)维持值(L_r)   maintained average illuminance of road surface

计入灯具维护系数后的路面平均亮度(照度)值。

2.1.12 维护系数(K)   maintenance factor

灯具长期使用过程中的光通量维持系数,主要包括灯具光通量维持率、污染和部件老化导致的光通量损失。

2.1.13 利用系数(U)   utilization factor

路面接收到的光通量与光源发射光通量之比。

2.1.14 灯具能效   luminaire efficacy

在规定的使用条件下,灯具光通量与其输入功率之比,单位为流明/瓦(lm/W)。

2.1.15 照明功率密度(LPD)   lighting power density

单位道路面积上配置的照明系统功率,单位为瓦/平方米(W/m^2)。

2.1.16 眩光   glare

由于视野中的亮度分布不适宜,存在空间或时间上的极端对比,导致不舒适感觉或降低目标观察与分辨能力的视觉现象。

2.1.17 阈值增量(TI)   threshold increment

为了在眩光环境中同样看清物体所需增加的物体与背景之间亮度对比度的百分比。

2.1.18 眩光值(GR)   glare rating

度量室外场地照明设施对人眼引起不舒适感主观反应的心理参量。

2.1.19　环境比(*SR*)　surround ratio

车道边线外侧带状区域内的平均照度与内侧等宽度车道上的平均照度之比。带状区域的宽度取车道半宽度与车道边线外侧无遮挡带状区域宽度的较小者,但不超过 5 m。

2.1.20　诱导性　guidance

车辆驾驶人通过道路沿线的灯杆、灯具(光点)获得的道路走向、线型、坡度等视觉信息。

2.1.21　色温(*T*c)　color temperature

当光源的色品与某一温度下黑体的色品相同时,该黑体的绝对温度为此光源的色温,单位为开尔文(K)。

2.1.22　显色指数(*R*a)　color rendering index

光源显色性的度量。以被测光源下物体颜色和参考标准光源下物体颜色的相符合程度来表示。

2.1.23　配光曲线　light intensity distribution curve

通常用曲线或表格表示光源或灯具在空间各方向的发光强度值,也称配光。其所表示的曲线称为配光曲线,也称光强分布曲线。

2.1.24　常规照明　conventional road lighting

灯具安装在高度为 7 m～12 m 灯杆上,按一定间距沿道路连续布设,实现道路照明的一种方式。

2.1.25　高杆照明　high mast lighting

灯杆高度不低于 18 m 的照明方式,应用于公共广场或立体交通的照明方式。

2.1.26　半高杆照明　semi-height lighting

也称中杆照明。灯杆高度在 12 m～18 m 之间的道路照明方式。

2.1.27　庭院灯照明　urban lamp lighting

灯具安装高度一般不超过 6 m,应用于公共绿地、街坊、小区等处,具有多样性、装饰性特点的道路照明方式。

2.1.28　草坪灯照明　bollard lamp lighting

用于公共绿地、公园或小区内的装饰性道路照明方式,灯具安装高度一般不超过 1 m。

2.1.29　吸顶式照明　ceiling lighting

灯具紧贴构筑物底部安装的道路照明方式。

2.1.30　嵌入式照明　embedded lighting

在道路防撞墙或栏杆上嵌入安装照明灯具,实现道路照明的一种方式。

2.1.31　护栏式照明　guardrail lighting (parapet lighting)

以道路护栏为支撑物安装照明灯具,实现道路照明的一种方式。

2.1.32　灯具安装高度(H)　luminaire mounting height

灯具的光中心至路面的垂直距离,单位为米(m)。

2.1.33　灯具安装间距　luminaire mounting spacing

相邻两个灯具中心的法线在道路交点之间的路段长度,单位为米(m)。

2.1.34　路面有效宽度(W_{eff})　effective width of road

用于道路照明设计的路面理论宽度,单位为米(m),它与道路的实际宽度、灯具的悬挑长度和灯具的布置方式等有关。

2.1.35　悬挑长度　overhang

灯具的光中心至邻近一侧道路边线的水平距离,即灯具伸出道路边线的水平距离,单位为米(m)。

2.1.36　灯臂长度　luminaire arm length

从灯杆的垂直中心线到灯具安装止口之间的水平距离,单位为米(m)。

2.1.37　综合杆　multi-function integrated pole

物理搭载各类规定设施的杆件,可包括主杆、副杆、横臂或灯臂等。

2.1.38 区域控制器（ACU） area control unit

安装在路灯控制箱或综合电源箱内的监控装置,实现区域内道路照明设施的监控,同时具有与道路照明监控中心(或分中心)的通信能力。

2.1.39 设备控制器（ECU） equipment control unit

安装在综合设备箱内的监控装置,实施综合设备箱监控,同时具有与道路照明监控中心(或分中心)和相关权属单位的通信能力。

2.1.40 终端控制器（TCU） terminal control unit

安装在路灯杆(或综合杆)的监控装置,对该路灯杆(或综合杆)及杆上的灯具进行监控,同时具有与区域控制器或道路照明监控中心(或分中心)的通信能力。

2.1.41 边缘服务器 frontier server

提供用户接入通道和本地计算能力的网络通信设备。

2.1.42 公共区域 public area

指本市各区行政区域范围内的街坊、里弄公共通道,公共绿地、公共广场等区域。

2.2 符 号

I_{80}——在平行于道路纵向轴线的垂直面内,与灯具向下垂直轴夹角 80°方向上的光强;

I_{90}——在平行于道路纵向轴线的垂直面内,与灯具向下垂直轴夹角 90°方向上的光强;

SDCM——标准配色偏差（Standard Deviation of Color Matching),色容差的单位,表征一批光源中各光源色品与标称色品的偏离。

3 基本规定

3.1 道路照明分类

3.1.1 道路照明可分为机动车道、道路交会区、非机动车道、人行道和公共区域照明。

3.1.2 机动车道照明应包括下列内容：

    1 城市道路照明，包括快速路、主干路、次干路、支路照明。

    2 公路照明，包括高速公路、一级公路、二级公路、三级公路和四级公路照明。

    3 乡村道路照明，包括连接村镇内部各主要区域的干路、支路照明及连接村民住宅的巷路照明。

    4 城市地下道路和隧道照明，包括中间段、出入口、过渡段和敞开段照明。

    5 与道路相关场所照明，包括交通枢纽、港口广场、收费站及收费广场、服务区、公交车站等照明。

3.1.3 道路交会区照明应包括下列内容：

    1 城市道路的交会区域照明。

    2 公路的交会区域照明。

    3 城市道路与公路的交会区域照明。

    4 城市道路与公路匝道的汇入汇出区域照明。

3.1.4 非机动车道照明应包括下列内容：

    1 城市道路、公路或乡村道路附设的非机动车道照明。

    2 非机动车专用道路照明。

    3 非机动车地道或天桥照明。

3.1.5 人行道照明应包括下列内容：

1 城市道路、公路或乡村道路附设的人行道照明。

2 步行商业街的照明。

3 人行天桥、人行地道、人行横道或二次过街区域的照明。

3.1.6 公共区域照明应包括下列内容：

1 街坊、里弄公共通道的照明。

2 公共绿地照明。

3 公共广场照明。

3.2 道路照明评价指标

3.2.1 机动车道照明质量评价应包括下列指标：

1 路面平均亮度 L_{av}。

2 路面亮度总均匀度 U_o。

3 路面亮度纵向均匀度 U_L。

4 眩光限制（阈值增量）TI。

5 环境比 SR。

6 诱导性（主观评价）。

3.2.2 道路交会区照明质量评价应包括下列指标：

1 路面平均照度 E_{av}。

2 路面照度均匀度 U_E。

3 眩光限制 I_{80}、I_{90}。

3.2.3 非机动车道、人行道照明质量评价应包括下列指标：

1 路面平均照度 E_{av}。

2 路面最小照度 E_{min}。

3 最小垂直照度 $E_{v, min}$。

4 最小半柱面照度 $E_{sc, min}$。

5 眩光限制（最大光强）。

3.2.4 公共区域照明质量评价应包括下列指标：

1 路面平均照度 E_{av}。

2 路面照度均匀度 U_E。

3 眩光限制（最大光强、眩光指数）。

3.3 道路照明标准

3.3.1 机动车道照明标准应符合下列规定：

1 城市道路机动车道的照明标准应符合表 3.3.1-1 的规定。

表 3.3.1-1　城市道路机动车道照明标准

道路类型	路面亮度			眩光限制	环境参数
	平均亮度 L_{av}(cd/m²) 维持值	总均匀度 U_o 最小值	纵向均匀度 U_L 最小值	阈值增量 TI(%) 最大初始值	环境比 SR 最小值
快速路、主干路	1.5/2.0	0.4	0.7	10	0.5
次干路	1.0/1.5	0.4	0.5	10	0.5
支路	0.75/1.0	0.4	—	15	—

注：表中平均亮度给出低/高两个标准值，设计和验收时应按高标值；节能运行时，可调光至低标值。

2 公路的照明标准应符合表 3.3.1-2 的规定。

表 3.3.1-2　公路照明标准

道路类型		路面亮度			眩光限制	环境参数
		平均亮度 L_{av}(cd/m²) 维持值	总均匀度 U_o 最小值	纵向均匀度 U_L 最小值	阈值增量 TI(%) 最大初始值	环境比 SR 最小值
公路城镇段	一级公路	1.5/2.0	0.4	0.7	10	0.5
	二级公路	1.0/1.5	0.4	0.5	10	0.5
	三级公路	1.0/1.5	0.4	0.5	10	0.5
		0.75/1.0	0.4	—	15	—

道路类型		路面亮度			眩光限制	环境参数
		平均亮度 L_{av}(cd/m²) 维持值	总均匀度 U_o 最小值	纵向均匀度 U_L 最小值	阈值增量 TI(%) 最大初始值	环境比 SR 最小值
公路一般路段	一级公路	1.5/2.0	0.4	0.7	10	0.5
	二级公路	1.0/1.5	0.4	0.5	10	0.5
	三、四级公路	0.75/1.0	0.4	—	15	—
高速公路	入城段	1.5/2.0	0.4	0.7	10	0.5
	主线	1.5	0.4	0.7	10	0.5
	立交(匝道)	1.5	0.4	—	10	—

注:表中平均亮度给出高/低两个标准值,设计和验收时应按高标准值;节能运行时,可调光至低标准值。

3 乡村道路照明标准应符合表 3.3.1-3 的规定。

表 3.3.1-3 乡村道路照明标准

道路类型	路面亮度			眩光限制
	平均亮度 L_{av}(cd/m²) 维持值	总均匀度 U_o 最小值	纵向均匀度 U_L 最小值	阈值增量 TI(%) 最大初始值
干路	0.75	0.4	—	15
支路	0.5	0.4	—	15
巷路	0.5	0.4	—	15

4 城市地下道路和隧道照明标准应符合现行行业标准《城市地下道路工程设计规范》CJJ 221 和现行上海市工程建设规范《隧道发光二极管照明应用技术标准》DG/TJ 08—2141、《道路隧道设计标准》DG/TJ 08—2033 的相关要求,并符合现行行业标准《公路隧道设计规范 第二册 交通工程与附属设施》JTG D70/2 及《公路隧道照明设计细则》JTG/T D70/2-01 的相关规定。

5 城市道路一般桥梁、公路中小桥梁的照明标准应与相连道路的照明标准一致;大型桥梁的照明宜专项设计。

6 桥面道路宽度小于连接道路宽度时,应为桥梁的栏杆和缘石提供垂直面照明。

7 主路-辅路结构的道路,除特殊说明外,辅路的照明标准应与主路相同。

8 道路匝道的照明标准应按两端道路中较高等级取值。

9 与道路相关场所的照明标准应符合表3.3.1-4的规定。

表 3.3.1-4 与道路相关场所的照明标准

相关场所的道路	路面亮度			路面照度		眩光限制	环境参数
	平均亮度 L_{av} （cd/m²） 维持值	总均匀度 U_o 最小值	纵向均匀度 U_L 最小值	平均照度 E_{av} （lx） 维持值	均匀度 U_E 最小值	阈值增量 TI（%） 最大初始值	环境比 SR 最小值
枢纽及港口广场车行道	1.5	0.4	0.5	—	—	10	0.5
公交车站(交通量低/高)	—	—	—	15/20	0.3	注	—
收费广场	—	—	—	20	0.4		—
收费车道	—	—	—	30	0.4		—
高速公路服务区	—	—	—	15	0.4		—

注:在驾驶人观看灯具的方位角上,灯具在80°和90°高度角方向上的光强 I_{80}、I_{90} 分别不得超过30 cd/1 000 lm和10 cd/1 000 lm。

3.3.2 道路交会区照明应采用照度为评价指标,并应符合表3.3.2的规定。

表 3.3.2 道路交会区照明标准

级别	道路类型	路面平均照度 E_{av}(lx)维持值	照度均匀度 U_E	眩光限制
1	主干路与主干路交会	30/50	0.4	灯具在驾驶人观看的80°和90°高度角方向的光强,分别不得超过 30 cd/1 000 lm 和 10 cd/1 000 lm
2	主干路与次干路交会			
3	主干路与支路交会			
4	主干路与乡村道路交会			
5	高速公路入城段与主干路交会	30/50		
6	高速公路入城段与次干路交会			
7	次干路与次干路交会	20/30		
8	次干路与支路交会			
9	次干路与乡村道路交会			
10	支路与支路交会	15/20		
11	支路与乡村道路交会			
12	乡村道路与乡村道路交会	15		

注:1. 表中的各级道路照明设计标准选用高标准值时,交会区照明标准应选取本表中的高标值。
　　2. 较低等级道路以右进右出方式汇入较高等级道路时,可不按道路交会区处理。

3.3.3 非机动车道和人行道照明应采用照度为评价指标,并应符合表3.3.3-1和表3.3.3-2的规定。

表 3.3.3-1 非机动车与人行道照明标准值

级别	道路类型	路面平均照度 E_{av}(lx) 维持值	路面最小照度 E_{min}(lx) 维持值	最小垂直照度 $E_{v, min}$(lx) 维持值	最小半柱面照度 $E_{sc, min}$(lx) 维持值
1	商业步行街、商业区人行流量高的道路、非机动车与行人混行道路、连接城市道路的居住区出入道路	15	3	5	3

级别	道路类型	路面平均照度 E_{av}(lx) 维持值	路面最小照度 E_{min}(lx) 维持值	最小垂直照度 $E_{v, min}$(lx) 维持值	最小半柱面照度 $E_{sc, min}$(lx) 维持值
2	交通枢纽、公交停车场、港口广场的非机动车道和人行道路	15	3	5	3
3	城市主干路附设的非机动车道、人行道	15	3	5	3
4	城市次干路附设的非机动车道、人行道	12	3	3	3
5	城市支路附设的非机动车道、人行道	10	2	3	2
6	乡村道路附设的非机动车道、人行道或慢行车道	7	2	3	2
7	城市非机动车地道、人行地道（白天/夜间）	100/30	50/15	5	3
8	城市人行天桥、非机动车天桥	10	2	3	2
9	人行横道或二次过街驻留区	按 1.5 倍道路照明			

注：1. 最小垂直照度和半柱面照度的计算点或测量点均位于道路中心线距路面 1.5 m 高度处。最小垂直照度需计算或测量通过该点垂直于路轴的平面上两个方向的最小照度。

2. 当白天地道外阳光照度较高时，考虑到人眼的明暗适应要求，地道内照明标准取高标值，地道内路面平均照度白天宜为 100 lx，夜间宜为 30 lx；路面最小照度白天宜为 50 lx，夜间宜为 15 lx。

表 3.3.3-2　非机动车道与人行道照明的眩光限值

级别	最大光强（cd/1 000 lm）			
	≥70°	≥80°	≥90°	>95°
1	500	100	10	<1
2	—	100	20	—

级别	最大光强（cd/1 000 lm）			
	≥70°	≥80°	≥90°	>95°
3	—	150	30	—
4	—	200	50	—

注：表中给出的是灯具在与其安装就位后向下垂直轴形成的指定角度上任何方向上的发光强度。

3.3.4 公共区域照明应采用照度为评价指标，并应符合表 3.3.4 的规定。

表 3.3.4　公共区域照明标准值

序号	道路类型	路面平均照度 E_{av}(lx) 维持值	照度均匀度 U_E	眩光限制
1	街坊、里弄（步行通道）	10	0.3	参照表 3.3.3-2
2	街坊、里弄（人车混行通道）	15	0.3	
3	公共绿地（步道、自行车道）	10	0.3	
4	公共广场（人行广场、集散广场、休闲活动场所）	15	0.35	注1
5	公共广场（泊位介于 250 个～400 个的停车场）	20	0.35	注2
6	公共广场（泊位介于 100 个～250 个的停车场）	15	0.3	注2
7	公共广场（泊位≤100 个的停车场）	10	0.25	注2

注：1. 公共广场（人行广场、集散广场、休闲活动场所）的不舒适眩光人工评价指数（D）为 6 或 7。
　　2. 公共广场（停车场）高杆照明测得的眩光值（GR）不得大于 50。
　　3. 公共广场（停车场）的分类、照明标准值，按照现行国家标准《室外作业场地照明设计标准》GB 50582 关于室外停车场的相关规定。

3.3.5 夜间事故多发路段和团雾多发区域宜适当提高照明标准。

3.3.6 高速公路服务区规模较大或商业设施较多时,宜适当提高照明标准。

3.3.7 设有连续照明的机动车道,其路面平均亮度维持值可按下式估算:

$$L_r = \frac{F \times N \times U \times K}{W_{eff} \times S \times f_c} \qquad (3.3.7)$$

式中,L_r——路面平均亮度维持值(cd/m²);

$\qquad F$——灯具光通量(lm);

$\qquad N$——布灯方式系数,在单侧排列及交错排列时 $N=1$,在对称排列时 $N=2$;

$\qquad U$——利用系数,灯具安装高度正常时可取 0.6;

$\qquad K$——维护系数,正常情况下宜取 0.7;

$\quad W_{eff}$——路面有效宽度(m);

$\qquad S$——灯具安装间距(m);

$\qquad f_c$——平均照度与平均亮度的换算系数[lx/(cd/m²)],与路面反射率有关,宜按表 3.3.7 取值。

表 3.3.7 平均照度与平均亮度的换算系数(f_c)

路面种类	平均照度与平均亮度的换算系数[lx/(cd/m²)]
沥青	15
水泥混凝土	10

注:新建路面铺设的沥青含油量较高,对照射光产生较强的漫反射,致使路面亮度测量值偏低,此时平均换算系数可按16~18取值。

4 设置要求

4.1 一般要求

4.1.1 城市道路建设时,应同步实施道路照明工程、推行道路照明的数字化管理,并应符合本标准和现行上海市工程建设规范《道路照明设施监控系统技术标准》DG/TJ 08—2296 的相关规定。

4.1.2 高速公路入城段、一级公路、二级公路、三级公路、四级公路、互通立交、收费广场、收费车道等,应按照本标准要求设置道路照明。

4.1.3 高速公路主线可全线设置道路照明;设有自动驾驶专用道的高速公路主线路段,应设置照明。

4.1.4 乡村道路建设时,应按本标准要求设置相应的道路照明。

4.1.5 公共区域应按本标准要求设置相应的街坊、里弄通道和公共绿地、公共广场的照明。

4.1.6 道路照明工程应与综合杆设施的建设要求相协调,相关需求应符合现行国家标准《智慧城市智慧多功能杆服务功能与运行管理规范》GB/T 40994 和现行上海市工程建设规范《综合杆设施技术标准》DG/TJ 08—2362 的相关规定。

4.2 设备布设要求

4.2.1 道路照明设施应与周围环境相协调,并应满足下列要求:

　　1 减少对周围环境的不利影响,严禁影响周围居民的正常生活和车辆、船舶的安全行驶。

2 避免对驾驶人和行人的眩光影响,眩光限制指标应符合本标准第 3.3 节的规定。

3 应提供良好的行车诱导性,包括前方道路的方向、交叉口、坡度等视觉信息。

4 应避免照明灯具发射的光线受到树木或其他物件的遮挡。

4.2.2 道路照明灯具的布设应满足下列要求:

1 优先布置在道路两侧,不得侵入道路的建筑限界。

2 周围应具有便于安全检修的维护空间,并尽可能减少对道路交通的影响。

4.2.3 道路照明设施的编码应符合道路照明管理机构关于道路照明编码规则及标识要求的现行规定,标识采用二维码技术。

4.2.4 地面道路的照明设置应满足下列要求:

1 协调树木与灯杆之间的距离;灯杆与高大乔木主干之间的净距不宜小于 2.5 m,并可适当延长灯臂。

2 照明设施所需管线应与道路地下管线的综合布设相协调。

3 道路照明设施与机动车道之间应有慢行道或路肩的隔离;当不能满足时,应在路灯靠近机动车道侧安装防撞护栏或采用其他防护措施。

4 设置在人行道的灯杆与人行道边线的间距宜为 0.5 m~0.7 m。

4.2.5 高架道路、桥梁的照明设置应满足下列要求:

1 路灯基础应结合桥梁结构设置。

2 照明设施所需管线应在主体工程结构中预埋,并与其他管线相协调。

3 防雷、接地系统装置应在主体工程结构中预埋,并符合相关规范要求。

4 各类管线、导体穿越桥梁伸缩缝、沉降缝时,应采取缓冲补偿措施。

5 桥上照明管线应与地面道路照明管线沟通，并设置过渡管道及手井。

6 路灯管线敷设穿越一般桥梁宜采用本标准附录 A 的做法。

7 在跨越铁路的桥梁或高架桥腹下布设照明设施，应有防止路灯杆件倾覆的措施。

4.2.6 城市地下道路和隧道的照明设置应满足下列要求：

1 照明管线宜独立敷设，并应有明显的标识。

2 照明设施(含管线)的维护不应影响其他设施的运行。

3 灯具安装应采用本标准附录 B 规定的通用支架。

4 人行地道照明宜结合地道装饰设置。

4.2.7 道路照明改造工程宜满足本标准的建设要求。当实施条件受限时，按下列原则执行：

1 原灯具布设间距与灯高比例不合理的情况下，应优先满足眩光限制要求。

2 应满足缆线布设和接地等安全相关要求。

3 应满足自动化控制和远程监控管理的要求。

5 照明方式

5.1 道路照明方式

5.1.1 道路照明应优先采用常规照明方式；当常规照明无法满足照明标准要求或景观要求时，可采用其他照明方式。

5.1.2 常规照明方式应符合下列技术要求：

    1 灯具的悬挑长度不宜超过灯高的 1/4。

    2 灯具的仰角不宜超过 15°。

    3 宜按照路面有效宽度选择灯具安装间距和灯具安装高度，并应符合表 5.1.2-1 的规定。

表 5.1.2-1　灯具排列方式、安装间距和安装高度

布置方式	安装间距 S(m)	安装高度 H(m)
单侧布置	$S \leqslant 3H$	$H \geqslant W_{eff}$
双侧交错布置	$S \leqslant 3H$	$H \geqslant 0.7W_{eff}$
双侧对称布置	$S \leqslant 3H$	$H \geqslant 0.5W_{eff}$

注：1. 表中 W_{eff} 为路面有效宽度，H 为 LED 灯具安装高度（灯高）。
    2. 本表仅限于新建道路或改扩建道路重新布杆的道路照明工程。
    3. 本表可用于涉及综合杆工程建设的道路照明新建或改造工程。

    4 确定灯具安装间距和安装高度后，应结合具体安装条件选取不同配光类型的 LED 灯具，宜符合表 5.1.2-2 和表 5.1.2-3 的规定。

表 5.1.2-2　灯具横向配光要求

布置方式	单侧布置	双侧交错布置	双侧对称布置	配光类型 使用要求
路面有效 宽度 W_{eff}	$W_{eff} \geqslant H$	$W_{eff} \geqslant 1.5H$	$W_{eff} \geqslant 2H$	不宜采用窄配光的 灯具

布置方式	单侧布置	双侧交错布置	双侧对称布置	配光类型 使用要求
路面有效 宽度 W_{eff}	$W_{eff} \geqslant 1.4H$	$W_{eff} \geqslant 2.4H$	$W_{eff} \geqslant 2.8H$	不宜采用中配光和窄配光的灯具

表 5.1.2-3　灯具纵向配光要求

配光类型	使用要求
短配光	短配光灯具的安装间距不宜大于 $3H$
中配光	中配光灯具的安装间距不宜大于 $4H$
长配光	不限制

　　注:LED灯具的配光分为纵向配光和横向配光,具体要求见本标准第6.1.5条。

5.1.3 城市道路交会区的照明应符合下列技术要求:

　　1 照度均匀度、眩光限制应符合本标准第3.3.2条的规定。

　　2 当常规照明在交会区无法满足照明标准时,宜采用半高杆照明方式。

　　3 交会区照明应与路段照明良好衔接,不存在暗区。

　　4 照明灯具宜选用非对称配光灯具或投光灯。

　　5 灯杆在交会区的布设选点宜按照本标准附录C执行。

5.1.4 高杆照明方式应符合下列技术要求:

　　1 灯具的最大光强投射方向和垂线夹角不宜超过65°。

　　2 灯盘降落区内不应有阻碍维护的绿植和其他物体。

5.1.5 车道布局分散的立交区域、高架道路匝道或具有景观要求的道路,宜采用嵌入式照明或护栏式照明,并符合下列要求:

　　1 路面亮度均匀度和纵向均匀度应符合照明标准要求。

　　2 照明灯具应具有防眩光措施。

　　3 设于防撞墙的嵌入式照明或护栏式照明,灯具安装高度宜为 800 mm,如图 5.1.5-1 和图 5.1.5-2 所示。

　　4 嵌入式照明和护栏式照明的灯具应采用安全电压供电。

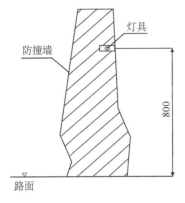

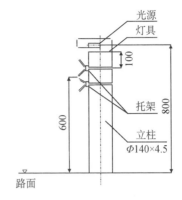

图 5.1.5-1　嵌入式照明灯具安装　图 5.1.5-2　护栏式照明灯具安装
　　　　　　高度示意图(单位:mm)　　　　　　　高度示意图(单位:mm)

5.1.6 高速公路收费站的收费车道宜采用吸顶照明或吊杆式照明。

5.1.7 设置全封闭式声屏障城市快速路的照明应符合下列要求:

1 全封闭式声屏障内的照明宜采用吸顶照明,灯具形式可参照隧道灯。

2 设于全封闭式声屏障内的灯具宜沿车道中轴线布置,安装间距应符合表5.1.7的要求。

表 5.1.7　全封闭式声屏障内的灯具安装间距要求

设计车速(km/h)	灯具安装间距
80	≥8.9 m 或<1.5 m
60	≥6.7 m 或<1.1 m
40	≥4.4 m 或<0.7 m

注:当多车道照明相互交错重叠时,安装间距以路面亮度和闪烁频率计算为准。

3 应避免一个电气故障导致同方向全路段灭灯的情况。

5.1.8 绿化密布道路上的路灯布设宜按照本标准附录 D 提供的

方式,采用调整灯具布设间距、灯臂长度和灯具安装高度等措施,减少绿植对道路照明的不利影响。

5.1.9 公共广场(人行广场、集散广场或停车场)、港口广场、收费广场、服务区广场等处,可采用灯盘上灯具平面对称配置的高杆照明,并宜采用常规照明进行覆盖补充。其中,公共广场(停车场)的照明布置宜按照本标准附录 E.1 执行。

5.1.10 人行天桥和非机动车天桥照明应与天桥结构相协调,并与周围环境相协调;采用的照明器具应满足景观要求。

5.1.11 街坊、里弄、公共绿地的人行道路或一般慢行道宜采用庭院灯照明,绿化地块的边缘宜采用草坪灯诱导和美化。

5.1.12 里弄公共通道照明可结合建筑墙面布设道路照明灯具,照明布置宜按照本标准附录 E.2 执行。

5.2 道路两侧设置非功能性照明的要求

5.2.1 城市道路两侧布设装饰性照明或建筑景观照明时,应在满足功能性照明的前提下,结合非功能性照明进行道路照明设计。

5.2.2 装饰性照明、建筑景观照明、广告照明不应对驾驶人形成视觉干扰。

6 照明设施

6.1 光源与灯具

6.1.1 道路照明应优先采用 LED 光源,灯具产品应具有 CQC 认证。

6.1.2 LED 光源的色温和显色性应符合下列要求:

　　1 光源的标称色温不宜高于 4 000 K。

　　2 在标称色温下,光源的色容差不应大于 5 SDCM。

　　3 光源的显色指数(R_a)不应小于 70。

6.1.3 LED 灯具的选择应考虑色温、标称功率等因素,并应符合表 6.1.3 的规定。

表 6.1.3　道路照明 LED 灯具的选择

应用范围或灯具类型	色温(K)	标称功率(W)
常规路灯及中杆投光灯	2 700±100 或 3 000±100	50
		70
		100
		120
		150
		200
		250
		300
高杆灯具	2 700±100 或 3 000±100	400
		750

应用范围或灯具类型	色温(K)	标称功率(W)
直接发光隧道灯具	4 000±200	25
		40
		50
		70
		100
		150
间接发光隧道灯具	4 000±200	25
		40
		60
		75
		120
		160
加强照明段隧道灯具	3 000	80
		120
		250

6.1.4 LED灯具的灯具能效应符合现行国家标准《道路和隧道照明用LED灯具能效限定值及能效等级》GB 37478的规定,宜选用其表1中的1级或2级。

6.1.5 LED灯具的配光应按下列方式分类:

1 纵向配光类型宜根据灯具1/2最大光强曲线在路面上形成的投影线沿车行线方向投射的最大距离 D_1 (见本标准附录F)确定,并按表6.1.5-1分类。

表 6.1.5-1 灯具纵向配光分类

灯具纵向配光类型	灯具特征
短配光	$D_1 \leqslant 1.4H$

灯具纵向配光类型	灯具特征
中配光	$1.4H < D_1 \leqslant 2.6H$
长配光	$D_1 > 2.6H$

2 横向配光类型宜根据灯具 1/2 最大光强曲线在路面上形成的投影线与灯具光中心连线的最大距离 D_2（见本标准附录 F）确定，并按表 6.1.5-2 分类。

表 6.1.5-2　灯具横向配光分类

灯具横向配光类型	灯具特征
窄配光	$0.6H < D_2 \leqslant H$
中配光	$H < D_2 \leqslant 1.5H$
宽配光	$D_2 > 1.5H$

6.1.6　为降低或消除道路照明设施对周围环境产生的光污染，灯具可配置遮光背板。

6.1.7　LED 灯具在运行 3 000 h 时的光通维持率不应低于与额定寿命相关的光通维持率要求值，并应符合国家标准《道路和隧道照明用 LED 灯具能效限定值及能效等级》GB 37478—2019 第 4.3 条的规定。

6.1.8　道路照明灯具的安装方式应符合下列规定：

1　以承插方式安装的常规路灯，承插口规格应为：直径 $\phi 60^{+2.5}_{+1.5}$ mm，100 mm≤深度≤120 mm，紧定螺钉不少于 2 个。

2　隧道照明灯具的安装方式应符合本标准附录 B 的规定。

3　投光灯具、隧道照明灯具应能调整照射角度。

4　高空安装的灯具应具有防坠落保护装置，常规照明路灯的防坠落装置应符合本标准附录 G 的要求。

6.1.9　道路照明 LED 灯具主体应采用铝合金压铸或型材制成，常规灯具和投光灯具的使用寿命不应低于 20 年。

6.1.10　灯具应采用被动式散热方式，裸露的散热器件应能避免被覆盖或堵塞。

6.1.11 灯具的环境防护等级不应低于 IP65,冲击防护等级不应低于 IK08,振动试验要求应符合现行国家标准《道路与街路照明灯具性能要求》GB/T 24827 的规定。

6.1.12 露天安装的道路照明灯具应能满足下列环境条件:

  1 温度:(−10～+45)℃。

  2 相对湿度:95%(RH)。

  3 风速:40 m/s。

6.1.13 道路照明灯具的额定工作电压应为 AC 220 V±10%,防触电保护类别应为Ⅰ类(安全电压供电除外)。

6.1.14 道路照明灯具应采用接线端子或内置接插件连接电源和控制线路,并设有专用的接地端子。

6.1.15 道路照明 LED 灯具的其他技术要求应符合本标准附录 H 的规定。

6.1.16 道路照明灯具在道路轴线方向应水平安装,偏差应小于 1°。

6.2　灯杆与基础

6.2.1 新建道路照明应采用钢质灯杆,以法兰连接方式安装在预制基础上。

6.2.2 杆体结构应能承受 50 年一遇风荷载,并应符合现行国家标准《高耸结构设计标准》GB 50135 的规定。

6.2.3 常规照明以灯具的安装高度标识灯杆的高度,系列规格为:7 m、8 m、9 m、10 m、11 m、12 m。

6.2.4 以承插方式安装灯具的灯杆,承插杆规格应为:直径 $\phi 60^{+1.0}_{-0.6}$ mm,100 mm≤长度≤120 mm。

6.2.5 常规照明用钢质灯杆的技术要求应符合本标准附录 J 的规定。

6.2.6 灯杆底部检修孔内设置的接线盒及电缆接线端子应符合本标准附录 K 的要求,检修孔的尺寸应满足设备安装要求。

6.2.7 当采用综合杆搭载照明灯具时,杆件应符合现行上海市工程建设规范《综合杆设施技术标准》DG/TJ 08—2362 的相关规定。

6.2.8 城市内新建高杆照明时,应采用升降式高杆照明灯,并应符合本标准附录 L 的规定。

6.2.9 道路照明灯杆安装应满足下列要求:

1 灯杆的垂直度要求:杆梢处水平偏差不应大于杆梢半径,且不应大于杆高的 4‰。

2 灯臂方向与道路中心线的垂直度偏差不应大于 2°。

3 直线排列的灯杆,每根灯杆的横向位置偏差不应大于灯杆底部半径。

4 同一路段上各灯杆灯臂的高度偏差应不超过 100 mm,仰角偏差应不超过 2°。

5 照明灯杆的检修孔(门)朝向应与行车方向一致,使检修人员作业时面向来车,以保障安全。

6.2.10 道路照明灯杆的基础应满足下列要求:

1 路灯基础应结合手井和预埋管制作,宜采用预制钢筋笼现场灌注混凝土的方式;预埋螺栓应高出基础平面 70 mm。

2 路灯基础的结构形式应符合当地地质条件,并应能在现场极端气候条件下保持稳定。

3 设置在人行道上的路灯基础,固定法兰的预埋螺栓顶部应低于路面 30 mm 以上,并预留混凝土包封条件;设置在绿化带的路灯基础,灯杆法兰的顶部应高于地面 100 mm。

4 路灯基础顶部法兰应水平安装,偏差不应超过 1°。

5 路灯基础内应设置灯杆底座与附设手井之间的穿线管道;管道内径不应小于 40 mm,弯曲半径不应小于 10 倍管道外径。

6 路灯基础施工完成后,固定法兰的螺栓应采取防止锈蚀和碰撞的保护措施。

6.3 控制设备

6.3.1 除配备独立供电系统的城市地下道路和隧道外,道路照明系统应设置路灯控制箱承担道路照明的供电和控制,路灯控制箱的技术要求应符合本标准附录 M 的规定。

6.3.2 设置综合杆的道路照明工程,路灯控制设备应与综合电源箱合并建设、分舱布置。

6.3.3 路灯控制箱的布置、安装应满足下列要求:

1 应在进路口方向、停止线上游不小于 10 m 处布置。

2 应设置供电进线和计量装置,并安装在独立隔舱内。

3 应具有过电压保护、过载保护、短路保护,并设防雷和接地装置。

4 出线保护应采用刀熔开关,熔体应满足配电缆线的短路保护要求。

5 箱内应设置路灯控制装置,并符合本标准第 8 章的要求。

6 箱体应离地安装,箱体底部距离地面高度不应小于 300 mm。

7 箱体外部装饰不应影响箱体的散热和维护。

6.4 管线及其敷设

6.4.1 道路照明电缆应穿预埋管敷设,并符合下列要求:

1 沿非机动车道、人行道、绿化带宜预埋 2 根公称外径不小于 110 mm 的聚氯乙烯(PVC)管或聚乙烯(PE)管;穿越机动车道宜预埋 2 根公称外径不小于 100 mm(壁厚≥4 mm)的热镀锌钢管。

2 预埋管宜采用套管连接,套管长度不应小于 300 mm。

3 机动车道下方预埋管的管顶距地面不应小于 0.7 m;绿地下方预埋管的管顶距地面不应小于 0.7 m;人行道下方预埋管的管顶距地面不应小于 0.5 m。

4 当预埋管涉及转角、分支或敷设距离超过 40 m 时,宜增加手井。

5 预埋施工应保持管内清洁,不得漏入水泥浆或其他杂物,施工完成后应封堵管口。

6 每根预埋管内应预留 14$^\#$ 镀锌铁丝 1 根。

6.4.2 道路照明电缆应经路灯基础旁的手井穿入灯杆,手井的设置应符合下列规定:

1 一般道路照明灯杆旁宜设置单手井。

2 在宽度小于 1.5 m 的中央分隔带或设施带中设置路灯时,应设置双手井。

3 可选用复合材料预成型的手井。

4 设置综合杆的道路照明工程,手井和预埋管应符合现行上海市工程建设规范《综合杆设施技术标准》DG/TJ 08—2362 的相关规定。

6.4.3 手井井盖宜选用球墨铸铁或 SMC 复合材料材质,并应符合现行国家标准《检查井盖》GB/T 23858、《球墨铸铁件》GB/T 1348 的规定。

6.4.4 道路两侧对称设置路灯控制箱时,两个路灯控制箱之间应敷设 2 根备用连通管。

6.4.5 相邻两组道路照明供电预埋管之间应敷设相同数量的备用连通管。

7 照明供电

7.1 一般规定

7.1.1 道路照明应采用低压供电,电源和供电系统的界面应遵循以下原则:

    1 设置路灯控制箱或综合电源箱的工程,应由电业提供0.4 kV 低压电源,供电容量宜为 50 kW。

    2 道路照明系统与电业的工作界面宜位于计量表具下端隔离开关的进线端。

    3 设有独立供配电系统的城市地下道路和隧道,照明供电系统的工作界面宜位于照明专用配电柜的进线端。

    4 当乡村或偏远道路难以设置路灯控制箱时,可采用分散供电并单独计量的方式。

    5 当乡村或偏远道路供电困难时,宜采用光伏发电或风光互补供电的方式。

    6 路灯控制箱的高次谐波应符合电业的限制要求;当不能满足时,应采取谐波治理措施。

7.1.2 除城市中的重要道路、交通枢纽及人流集中的广场等区段的道路照明负荷宜定为二级负荷外,其他道路照明负荷应定为三级负荷。二级负荷宜采用双电源供电,供电系统配置宜按照图 7.1.2 的系统架构执行。

7.1.3 道路照明的供电半径不宜大于 600 m。

7.1.4 公路照明设置的独立变电站或箱式变电站,宜布设在道路两侧或中央分隔带中。

7.1.5 城市地下道路、隧道、大型桥梁采用独立变配电系统时,

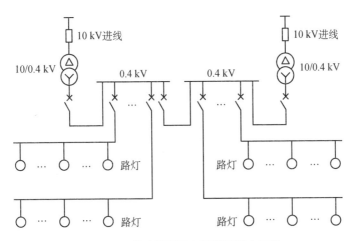

图 7.1.2　道路照明双电源低压供电系统

应设置照明专用配电柜,由照明专用配电柜向各照明控制箱提供电源。

7.1.6　对有长距离供电要求的大型桥梁、长大隧道或封闭公路,宜采用中压输电方式,设置高防护等级的降压变压器提供照明电源,如图 7.1.6 所示。

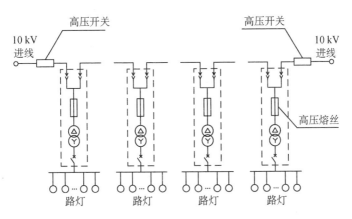

图 7.1.6　大型桥梁、长大隧道或封闭公路照明的中压供电系统

7.1.7 中压供配电系统宜采用阻燃电缆供电,配电系统的设计、施工应按照现行行业标准《大型公路桥梁中压配电系统技术条件》JT/T 823 的相关要求执行。

7.2 照明配电与接地

7.2.1 道路照明配电方式应遵循以下原则:

1 道路照明干线应采用三相配电,乡村或偏远道路条件受限制时,可采用单相配电。

2 配电方式宜采用放射式、链式、树干式相结合的系统结构。

3 三相配电的平衡度偏差不应超过 15%。

7.2.2 正常运行情况下,路灯照明灯具的端电压应维持在额定电压的 90%~105%。

7.2.3 全线双侧布灯的道路,两侧应分别设置路灯控制箱,分别引接电源,并设互相沟通的备用双管。全线单侧布灯为主,局部设置双侧照明且对侧路灯不超过 5 座时,可敷设过路管线向对侧路灯供电。

7.2.4 道路照明配电的系统接地型式及接地电阻应符合下列规定:

1 采用独立变压器供电或低压配电系统中包含独立保护线(PE)的道路照明配电,系统接地型式应为 TN-S 制。

2 低压配电系统中包含保护中性线(PEN)的道路照明配电,系统接地型式应为 TN-C-S 制。

3 低压电源系统接地型式为 TT 制时,应在照明控制箱附近设置独立的保护接地装置,连接路灯配电电缆中的保护线(PE)。

4 道路照明系统的保护接地电阻值不应大于 4 Ω,每个路灯控制箱和每座灯杆的保护接地电阻值均不应大于 4 Ω。

5 道路照明设施的接地装置宜利用基础钢筋构成。当接地电阻不满足要求时,应补充设置接地极。

7.2.5 地面道路照明配电的电缆选型及敷设方式应符合下列规定:

1 三相配电的道路照明电缆应采用等截面 5 芯电缆,按三相线＋N＋PE 的配置方式;单相供电的道路照明线路应按 L＋N＋PE 的配置方式。

2 中心城区的照明电缆应选用截面为 $4 \times 25 + 1 \times 25 \ mm^2$ 的铜芯电缆,非中心城区的照明电缆宜选用截面为 $4 \times 25 + 1 \times 25 \ mm^2$ 的铜芯电缆或 $4 \times 35 + 1 \times 35 \ mm^2$ 的铝合金电缆。

7.2.6 地下道路与隧道照明电缆的规格应符合地下道路与隧道照明工程设计的有关规定。

7.2.7 照明电缆应穿预埋管敷设。当不具备敷设条件时,可采用桥架敷设或架空敷设。

7.2.8 当道路照明设备采用架空敷设的导线供电时,应采用绝缘导线。

7.2.9 道路照明灯具应单独设置短路保护,短路保护装置应采用熔断器。

7.2.10 高杆灯或安装高度不低于 20 m 的照明设施应采取防雷措施。

7.2.11 偏远地区的道路照明设施宜采取防盗保护措施。

7.2.12 行人可触及的道路照明设施应采用安全电压供电。

7.2.13 设置在桥上或隔离墩内的路灯基础,其法兰螺栓应与桥梁结构主钢筋可靠焊接,形成可靠的接地保护网。

7.2.14 照明控制箱与灯杆设置的接地极应符合下列规定:

1 接地极宜采用直径 20 mm、长度 2 000 mm 的镀锌钢管或直径 18 mm、长度 2 000 mm 的铜覆钢棒,并有明显的接地标志。

2 控制箱的箱体应连接不少于 2 根埋入大地的接地极,应在基础内侧将基础外接地网引入控制箱箱体底部,与箱内接地端子连接,连接点不少于 2 个。

    3 控制箱内接地导体采用扁钢,截面积不小于 $25\ \text{mm} \times 2.5\ \text{mm}$。

    4 应采用截面不小于 $2.5\ \text{mm}^2$ 的铜绞线作为控制箱内电气设备的二次侧安全接地。

    5 控制箱、灯杆的基础底脚钢筋不应伸出混凝土基础。

8 监控系统

8.1 一般规定

8.1.1 道路照明工程建设应同步实施道路照明设施监控系统，并应符合现行上海市工程建设规范《道路照明设施监控系统技术标准》DG/TJ 08—2296 的相关规定。

8.1.2 道路照明设施监控系统的建设及运行应包括下列内容：

    1 对道路照明设施运行状态及相关参数的监测。

    2 道路照明设施在开灯、关灯和调光等方面的运行控制。

    3 监控设备与道路照明监控中心（或分中心）之间的通信，包括数据传输、接入及存储扩容等。

8.1.3 道路照明设施监控系统应能在市、区两级控制与管理架构下运行，满足道路照明设施统一管理、分区运行维护、分级控制的运行管理要求。

8.1.4 对于城市地下道路、隧道或设有独立控制系统的区域，道路照明监控中心（或分中心）共享相关道路照明设施控制（或管理）权限的同时，应与上述独立控制系统协调运行，满足安全管理要求。

8.1.5 监控系统的设计应遵循"优化配置，适度超前"的原则，配置要求应根据道路照明的功能、建设环境和管理要求等因素综合确定。

8.1.6 道路照明设施监控系统的网络连接应采用通用的标准，并应符合道路照明监控中心（或分中心）的接入要求。

8.1.7 道路照明设施监控系统应具有本地的预定时间表控制功能。

8.1.8 设置综合杆的道路工程,道路照明监控信息采集内容可包括综合电源箱、综合设备箱、综合杆的状态和运行信息,并符合道路照明监控中心(或分中心)数据的传输、接入和处理要求。

8.1.9 在设置网络安全系统的基础上,能实现与城市其他信息化系统之间的互联互通。

8.1.10 照明工程验收时,应提交道路照明设施监控系统的独立(预)验收报告。

8.2 系统架构与功能

8.2.1 道路照明设施监控系统由平台系统、区域控制器、终端控制器及通信网络组成,系统架构如图 8.2.1 所示。其中,终端控制器可采用多种方式实现与平台系统的连接。

8.2.2 当设于城市地下道路或隧道的区域控制器需连接较多终端控制器时,应采用可靠的现场总线或专用协议方式。

8.2.3 已建有完整控制系统的城市地下道路或隧道宜增设边缘服务器,满足城市地下道路或隧道控制中心、道路照明监控中心(或分中心)对道路照明设施的监控管理。

8.2.4 当城市地下道路或隧道的照明灯具布设密度较高、设有较多的区域控制器时,应采用信息汇聚方式,通过 1 个或较少接口连接道路照明监控中心(或分中心)。

8.2.5 道路照明设施监控系统及各设备的功能应满足下列要求:

    1 道路照明监控中心(或分中心)负责所辖范围内道路照明设施的信息采集、照明控制以及数据管理和应用。道路照明工程实施的监控系统应能与所在道路照明监控中心(或分中心)连接和交换数据。

    2 安装在路灯控制箱或综合电源箱的区域控制器(ACU)负责区域照明设施的控制和运行数据采集,应具有电源监测、配电

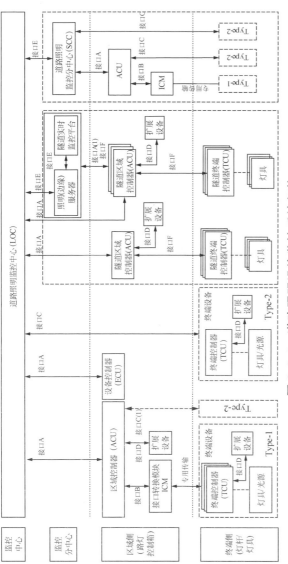

图 8.2.1 道路照明设施监控系统架构

注:1. 系统主要接口共 3 类:平台与平台之间为接口 E,区域控制器与平台之间包括直连模式接口 C,局域模式接口 B 或接口 F。

2. 对于大型隧道或地下道路等设有独立控制系统的区域,区域控制器与平台或独立控制系统之间为接口 A。独立控制系统与平台之间为接口 E。

3. 终端控制器(TCU)采用 0(1)V~10 V 直流电压对灯具进行调光,不设终端控制器(TCU)的情况下,可由区域控制器(ACU)以 1 V~10 V 直流电压对灯具进行调光。

4. 图中接口形式定义如下:
   接口 A:5G、4G、NB—IoT,以太网等(含光纤模式)。
   接口 B:RS—485、CAN,以太网等。
   接口 C:4G、NB—IoT,以太网等(含光纤接口)。
   接口 D:RS—485、CAN,以太网等。
   接口 E:5G、4G,以太网(含光纤接口)。
   接口 F:RS—485(LCP—SH 等)、CAN,以太网(含光纤环网)。

回路监测与故障报警、箱体状态监测、照明供电控制、时间表控制、调光控制、物联网数据接入、数据存储和延时传输、终端控制器(TCU)接口、道路照明监控中心(或分中心)接口等功能。

    3 安装在综合设备箱内的监控装置(ECU)负责综合设备箱监控,应具有电源检测、箱体状态监测、环境数据检测、物联网数据接入、数据存储和延时传输、与道路照明监控中心(或分中心)和相关权属单位通信等功能。

    4 安装在路灯杆(或综合杆)的终端控制器(TCU)负责所在路灯杆(或综合杆)及杆上灯具的监控,应具有电源监测、功率监测、防雷监测、照明控制(含时间表控制和调光控制)、灯具状态监测和故障报警、物联网数据接入、综合杆的状态数据接入、数据存储和延时传输、区域控制器或道路照明监控中心(或分中心)接口等功能。

    5 当终端控制器(TCU)控制两盏或以上灯具时,监测功能的分辨率应能识别一个灯具的故障并提供报警信息。

8.2.6 采用光伏或风光互补供电的路灯,应配置完整的具有TCU功能的照明监控装置,接受道路照明监控中心(或分中心)的监管。

8.3 照明控制

8.3.1 道路照明的常态控制(包括开灯、关灯和调光)应由区域控制器或终端控制器根据基本时间表和预定运行参数自主执行。

8.3.2 区域控制器或终端控制器的基本时间表和预定运行参数应支持由道路照明监控中心(或分中心)下发和修改。

8.3.3 区域控制器或终端控制器应能离线运行,离线状态下采集的数据应能本地存储、延时上传。

8.3.4 道路照明控制基本时间表中的开灯和关灯时间,应根据所在地区的地理位置和季节变化合理确定,宜采用天然光照度为

基准,并应根据天空亮度变化修正。调光时间和量值应根据交通量和人员活动情况制定,并符合下列规定:

1 傍晚时段应在天然光照度基准值达到或低于道路照明标准高值时开灯。

2 清晨时段应在天然光照度基准值达到或高于道路照明标准高值时关灯。

3 基本时间表的更新时间不应超过 7 d。

4 调光后道路照明标准不应低于道路照明标准的低标值。

8.3.5 道路照明每日的开灯和关灯时间可在基本时间表的基础上按天然光实际照度进行动态调整,并符合下列规定:

1 可提前开灯或推迟关灯,不可推迟开灯或提前关灯。

2 提前开灯或推迟关灯不应超过 5 min。

3 采取动态调整措施时,基本时间表中开灯和关灯时间以各季节多云天气的天然光平均照度为基准。

8.3.6 道路照明监控中心(或分中心)应能按照单灯、分组、分区域等模式实时控制道路照明设施,控制内容包括开灯、关灯和调光。

8.3.7 城市地下道路或隧道出入口的加强照明和过渡照明应根据出入口亮度控制,并应符合现行上海市工程建设规范《道路隧道设计标准》DG/TJ 08—2033 和《隧道发光二极管照明应用技术标准》DG/TJ 08—2141 的相关规定。

9 节 能

9.1 节能标准

9.1.1 道路照明建设中必须考虑照明节能措施,宜以照明功率密度(LPD)值作为照明节能的评价指标。

9.1.2 设置连续照明的机动车道,LPD值应符合表9.1.2的规定。

表9.1.2 机动车道照明功率密度(LPD)限值

道路级别	车道数(条)	对应亮度(cd/m²)	功率密度(W/m²)
快速路、主干路、一级公路、高速公路入城段	≥6	2.0	≤0.70
	<6		≤0.85
	≥6	1.5	≤0.50
	<6		≤0.60
城市次干路、二级公路	≥4	1.5	≤0.55
	<4		≤0.65
	≥4	1.0	≤0.45
	<4		≤0.50
城市支路、三/四级公路	≥2	1.0	≤0.35
	<2		≤0.45
	≥2	0.75	≤0.35
	<2		≤0.45
乡村道路(干路)	≥2	0.75	≤0.35
	<2		≤0.45

续表9.1.2

道路级别	车道数（条）	对应亮度（cd/m²）	功率密度（W/m²）
乡村道路（支路/巷路）	≥2	0.5	≤0.35
	<2		≤0.45

注：1. 设计亮度值高于表中对应的亮度值时，LPD值不得相应增加。

2. 城市地下道路、隧道、设有全封闭式声屏障的快速路以及其他特殊照明方式的道路照明，不适用本表。

3. 对于只涉及灯具、光源改造的道路照明工程，LPD值要求可适当放宽。

4. 对于车道数≥2的城市支路、三/四级公路和乡村道路，当照明灯具采用单侧布置时，LPD值可适当放宽，但不宜大于0.4 W/m²。

9.1.3 其他道路照明的节能评价指标宜按表 9.1.2 的规定执行。

9.2 节能措施

9.2.1 灯具的配光曲线、布置和安装方式应与道路特性、交通需求相匹配，提高照明利用系数。

9.2.2 道路照明控制基本时间表应及时根据日落和日出时间调整，宜采用按天然光照度动态调整的方式。

9.2.3 灯具初始光通量较大时，宜采用调光方式予以控制。

9.2.4 不同时间段交通流量变化较大时，宜在低流量时段将照明标准降为低标值。

9.2.5 道路照明应在保持道路亮度均匀度的照明环境下，按照现行行业标准《城市照明节能评价标准》JGJ/T 307、《城市照明自动控制系统技术规范》CJJ/T 227 和现行上海市工程建设规范《道路照明设施监控系统技术标准》DG/TJ 08—2296 中的相关要求实施节能控制。

9.2.6 以LED为光源的道路照明系统，除应符合本标准第9.2.4条和第 9.2.5 条的规定外，还应符合现行国家标准《道路照明用 LED 灯 性能要求》GB/T 24907、《LED 城市道路照明应用技术要求》GB/T 31832 和现行行业标准《LED 路灯》CJ/T 420 的相关规定。

9.2.7 宜通过 LED 灯具驱动电源受控技术,实现道路照明的节能运行。

10 施工与验收

10.1 施工要求

10.1.1 道路照明工程建设应根据相关批准文件,明确建设单位,并由有资质的设计单位、施工单位、监理单位承担道路照明工程的实施。

10.1.2 应按上海市道路照明工程业务受理要求,至上海市道路照明管理平台或道路照明管理机构进行报建,并按要求接受设计文件征询、验收及移交接管等事宜的监督、管理。

10.1.3 施工单位应按照通过道路照明管理机构审查的设计文件开展道路照明工程的施工建设。

10.1.4 需扩建或改建的城市道路,在施工前,应进行原有道路照明设施的统计和保护,在扩建或改建图纸交底前,任何人不得擅自拆除原有照明设施。拆除或搬迁原有照明设施应完善报备手续。

10.1.5 路灯布设应充分考虑树木生长、架空线缆等对道路照明的影响。必要时,应由产权单位组织专业评估。

10.1.6 设备基础和预埋管线开挖时,应注意保护其他管线和构筑物安全,必要时应与权属单位沟通,协调采取避让措施。

10.1.7 基坑底部遇流沙、空洞、巨石等特殊情况时,应立即联系有关专业设计人员现场处理。

10.1.8 架空电力线路周边设置路灯应确保施工、运行养护人员的安全距离,包括吊杆安全距离、养护安全距离等。必要时,应调整设计方案。

10.1.9 施工作业的材料和设备应采用符合规范要求的节能环保材料和设备,并控制施工区域的扬尘污染。

10.1.10 道路照明改扩建工程的施工单位应接受道路照明管理机构对道路照明工程质量的监管,并应根据交通管理部门审核同意的施工组织方案实施。

10.1.11 道路照明工程移交前,建设单位应承担工程范围内道路照明设施运行、维护等责任。道路照明工程移交时,建设单位应考虑缺陷责任期内(通常为1年~2年)的路灯电费及设施运行维护费用。

10.2 验收机制

10.2.1 道路照明工程施工结束后,应在建设单位完成竣工验收和整改以后,邀请接管单位进行接管验收。

10.2.2 参建各方应依据本标准及现行行业标准《城市道路照明工程施工及验收规程》CJJ 89 等相关照明工程的验收标准和实际工程的管理要求组织验收,并符合下列规定:

    1 工程验收应采用信息化管理方式,所有道路照明设施信息应纳入道路照明管理平台。

    2 重要文档应同时提交纸质文档资料,宜按照本标准附录 N 验收资料的要求进行编制。

10.2.3 道路建设工地交通便道的照明设施,应根据将要实施的交通导行方案及时调整,并向行业管理单位报备,由行业管理单位进行照明质量的动态核查。

10.2.4 改扩建道路交通便道的照明设施应确保道路交通出行安全,其验收标准应满足本标准第 3.3 节的规定。

10.2.5 编制的竣工资料应符合现行上海市工程建设规范《建设项目(工程)竣工档案编制技术规范》DG/TJ 08—2046 的要求。

10.3 验收内容

10.3.1 道路照明工程验收应分为中间验收和专项验收两部分执行。

1 中间验收应完成对道路照明隐蔽工程的验收。

2 中间验收和专项验收在自检合格后,应接受道路照明管理机构或接管单位参加验收。

3 单位工程质量验收应按表10.3.1-1及本标准附录N的规定进行分部工程、分项工程划分。

表10.3.1-1 照明工程质量验收分部、分项工程划分

序号	分部工程	分项工程	备注
1	隐蔽工程	基础、管道、接地	中间验收
2	交通便道照明工程	便道照明设施	中间验收 (如涉及改扩建)
3	照明本体工程	灯杆、灯具、杆内接线	专项验收
4	照明控制箱(柜)	照明控制箱(柜)	
5	线缆工程	手井、线缆(电力、控制电缆)	
6	监控系统	ACU、TCU设备,通信	

10.3.2 施工单位应按照国家、行业有关照明工程的相关验收标准,结合实施工程的设计文件和具体要求,编制工程验收细目,并得到建设单位、设计单位、监理单位的认可。

10.3.3 评估道路照明工程的效果宜采用路面实际获得的照度验收标准值,并符合表10.3.3-1、表10.3.3-2、表10.3.3-3的规定。

表10.3.3-1 沥青路面照度验收标准(参考)值

道路类型		路面照度		眩光限制阈值增量 $TI(\%)$ 最大初始值	环境比 SR 最小值
		平均照度 E_{av}(lx)维持值(沥青干燥路面)	均匀度 U_E 最小值		
城市道路	快速路主干路	32/43	0.4	10	0.5
	次干路	21/32	0.4	10	0.5
	支路	16/21	0.4	15	—

续表 10.3.3-1

道路类型		路面照度		眩光限制阈值增量 TI(%) 最大初始值	环境比 SR 最小值
		平均照度 E_{av}(lx) 维持值 (沥青干燥路面)	均匀度 U_E 最小值		
公路城镇段	一级公路	32/43	0.4	10	0.5
	二级公路	21/32	0.4	10	0.5
	三级公路	21/32	0.4	10	—
		16/21	0.4	15	
公路一般路段	一级公路	32/43	0.4	10	0.5
	二级公路	21/32	0.4	10	0.5
	三、四级公路	16/21	0.4	15	—
高速公路	入城段	32/43	0.4	10	0.5
	主线	32	0.4	10	—
	立交(匝道)	32	0.4	10	—
乡村道路	干路	16	—	15	
	支路	11	—	15	
	巷路	11	—	15	

表 10.3.3-2　水泥混凝土路面照度验收标准(参考)值

道路类型		路面照度		眩光限制阈值增量 TI(%) 最大初始值	环境比 SR 最小值
		平均照度 E_{av}(lx) 维持值 (水泥混凝土干燥路面)	均匀度 U_E 最小值		
城市道路	快速路主干路	21/29	0.4	10	0.5
	次干路	14/21	0.4	10	0.5
	支路	11/14	0.4	15	—
公路城镇段	一级公路	21/29	0.4	10	0.5
	二级公路	14/21	0.4	10	0.5

道路类型		路面照度		眩光限制阈值增量 TI（%）最大初始值	环境比 SR 最小值
		平均照度 E_{av}（lx）维持值（水泥混凝土干燥路面）	均匀度 U_E 最小值		
公路城镇段	三级公路	14/21	0.4	10	—
		11/14	0.4	15	—
公路一般路段	一级公路	21/29	0.4	10	0.5
	二级公路	14/21	0.4	10	0.5
	三、四级公路	11/14	0.4	15	—
高速公路	入城段	21/29	0.4	10	0.5
	主线	21	0.4	10	—
	立交（匝道）	21	0.4	10	—
乡村道路	干路	11	—	15	—
	支路	7	—	15	—
	巷路	7	—	15	—

表 10.3.3-3　公共区域路面照度验收标准（参考）值

道路类型	平均照度 E_{av}（lx）维持值（沥青干燥路面）	平均照度 E_{av}（lx）维持值（水泥混凝土干燥路面）
街坊、里弄（步行通道）	14	9
街坊、里弄（人车混行通道）	21	14
公共绿地（步道、自行车道）	14	9
公共广场（人行广场、集散广场、休闲活动场所）	21	14
公共广场（泊位介于 250 个～400 个的停车场）	29	19

续表 10.3.3-3

道路类型	平均照度 E_{av}(lx) 维持值 (沥青干燥路面)	平均照度 E_{av}(lx) 维持值 (水泥混凝土干燥路面)
公共广场(泊位介于 100 个～250 个的停车场)	21	16
公共广场(泊位≤100 个的停车场)	14	10

注:1. 表中提供的是道路照明建设完成后路面实际获得的平均照度验收值,是未涉及维护系数 K 换算的照度值。
    2. 表 10.3.3-1、表 10.3.3-2 中"/"的左侧为低档值,右侧为高档值。
    3. 与道路相关场所、道路交会区、非机动车与人行道的照明验收,可按照本标准的表 3.3.1-4、表 3.3.2、表 3.3.3-1 考虑维护系数 K 换算以后的值。
    4. 表中各项数值适用于干燥路面。

10.3.4 道路照明设施监控系统验收文件的编制,应满足行业标准《城市照明自动控制系统技术规范》CJJ/T 227—2014 中附录 B 的相关规定。

10.3.5 建设单位应向道路照明管理机构提供下列必要的技术资料:

1 项目工程可行性研究报告批复、项建书。

2 道路照明工程设计文件(改扩建工程应包括搬迁设计方案、工程建设期的照明设计方案等文件)征询意见。

3 施工过程质量验收记录。

4 隐蔽工程验收记录。

5 专项验收报告、施工报告、监理报告。

6 竣工图(包括电子文档)。

7 主要产品设备、材料说明书及质保书。

8 道路照明设施资产、材料移交表。

9 第三方质量测试报告(照度测试、管线测量报告等)。

10.3.6 施工单位应提供下列资料:

1 应提供由灯具质量检测机构出具的光源/灯具配光曲线

(IES 文件),以及由灯光照明设计软件(如 DIALux)根据道路照明设计方案生成的计算书、分析报表。

2 应提供基础及管线的检测报告,相关报告应满足城建坐标要求以及现行上海市工程建设规范《地下管线探测技术规程》DGJ 08—2097 对地下管线探测的精度要求。

3 应提供工程实施后道路照明实地效果的测试报告,以及由第三方出具的道路照明工程质量测试报告。

4 应提供照明设施监控系统联调后的调试报告,报告要求应符合现行行业标准《城市照明自动控制系统技术规范》CJJ/T 227 的相关规定。

10.3.7 建设单位应向接管单位提供必要的操作手册和培训大纲。

10.4 验收标准

10.4.1 编制道路照明工程照明本体工程、照明控制箱(柜)、线缆工程等分部工程验收细目时,应符合现行国家标准《电气装置安装工程 电缆线路施工及验收标准》GB 50168、《电气装置安装工程 接地装置施工及验收规范》GB 50169、《电气装置安装工程 66 kV 及以下架空电力线路施工及验收规范》GB 50173 和现行行业标准《城市道路照明工程施工及验收规程》CJJ 89 的相关规定。

10.4.2 编制道路照明工程隐蔽工程分部工程验收细目时,应符合现行国家标准《建筑物防雷工程施工与质量验收规范》GB 50601 和现行上海市工程建设规范《地下管线探测技术规程》DGJ 08—2097 的相关规定。

10.4.3 编制道路照明工程监控系统分部工程验收细目时,应符合现行行业标准《城市照明自动控制系统技术规范》CJJ/T 227 和现行上海市工程建设规范《道路照明设施监控系统技术标准》DG/TJ 08—2296 的相关规定。

附录 A 路灯管线穿越桥梁做法参考

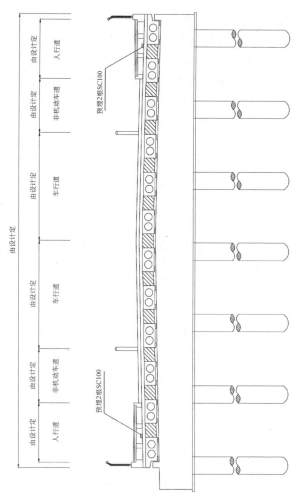

图 A.1 桥梁人行道板下路灯预埋管敷设横断面示意图

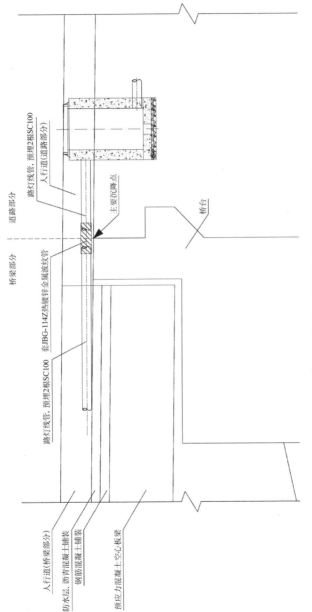

图 A.2　路灯管线穿越地面-桥梁分界线纵断面示意图

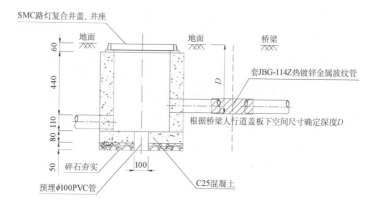

图 A.3　路灯管线穿越地面-桥梁分界线人行道手孔井做法示意图(单位:mm)

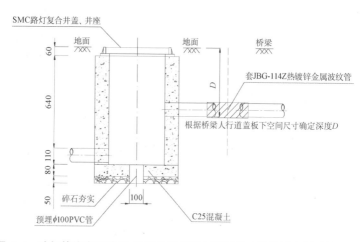

图 A.4　路灯管线穿越地面-桥梁分界线绿化带手孔井做法示意图(单位:mm)

附录 B 隧道灯安装支架参考

B.0.1 隧道照明灯具按接线盒安装位置不同,应采用本附录图 B.0.1-1 或图 B.0.1-2 所示安装支架。

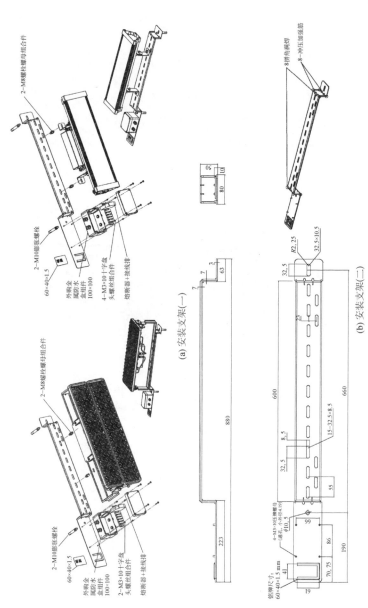

图 B.0.1-1　结合接线盒的隧道灯安装支架（单位：mm）

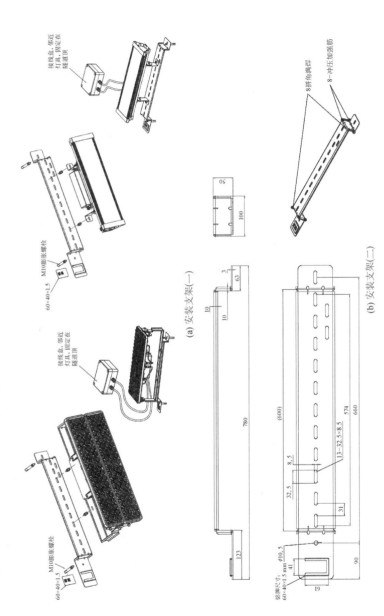

(a) 安装支架(一)

(b) 安装支架(二)

图 B.0.1-2 接线盒分离的隧道灯安装支架(单位:mm)

接线盒,邻近灯具,固定在隧道顶

M10膨胀螺栓

60×40×1.5

接线盒,邻近灯具,固定在隧道顶

M10膨胀螺栓

60×40×1.5

8拼角满焊

8-冲压加强筋

铭牌尺寸:
60×40×1.5 mm

φ10.5

附录 C 道路交会区路灯布设方式参考

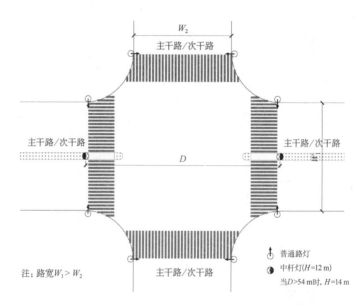

注：路宽 $W_1 > W_2$

普通路灯

中杆灯(H=12 m)

当D>54 m时，H=14 m

图 C.1 十字路口道路交会区路灯布设平面图一

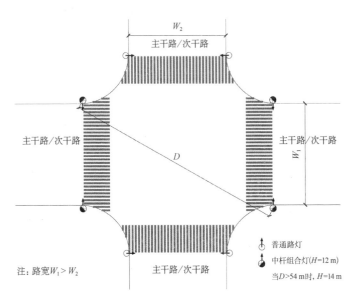

W_2

主干路/次干路

主干路/次干路

D

W_1

主干路/次干路

注：路宽$W_1 > W_2$

主干路/次干路

普通路灯

中杆组合灯(H=12 m)

当D>54 m时，H=14 m

图C.2 十字路口道路交会区路灯布设平面图二

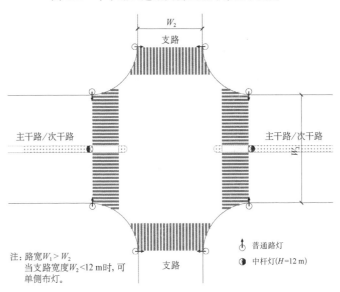

W_2

支路

主干路/次干路

主干路/次干路

W_1

注：路宽$W_1 > W_2$

当支路宽度W_2<12 m时，可
单侧布灯。

支路

普通路灯

中杆灯(H=12 m)

图C.3 十字路口道路交会区路灯布设平面图三

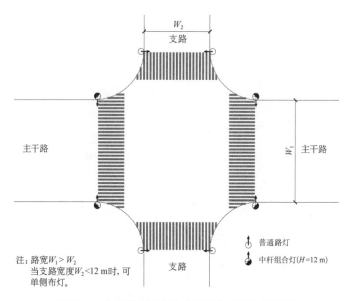

注：路宽$W_1 > W_2$
当支路宽度$W_2 < 12$ m时，可
单侧布灯。

○ 普通路灯

● 中杆组合灯($H=12$ m)

图 C.4　十字路口道路交会区路灯布设平面图四

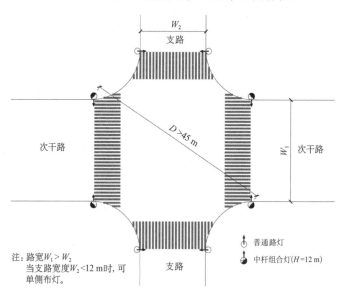

注：路宽$W_1 > W_2$
当支路宽度$W_2 < 12$ m时，可
单侧布灯。

○ 普通路灯

● 中杆组合灯($H=12$ m)

图 C.5　十字路口道路交会区路灯布设平面图五

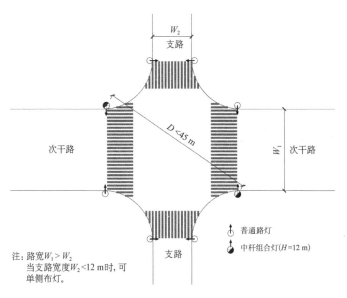

图 C.6　十字路口道路交会区路灯布设平面图六

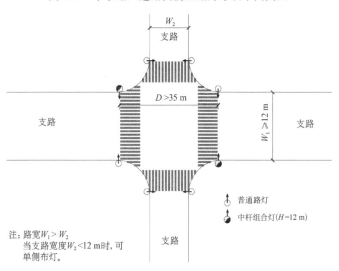

图 C.7　十字路口道路交会区路灯布设平面图七

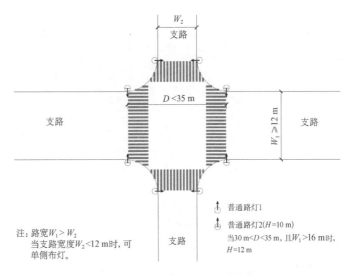

图 C.8　十字路口道路交会区路灯布设平面图八

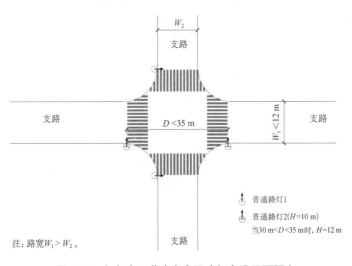

图 C.9　十字路口道路交会区路灯布设平面图九

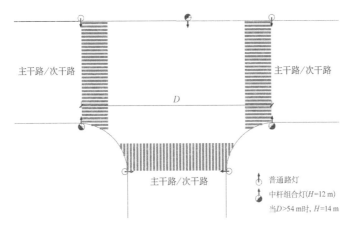

图 C. 10　T型路口道路交会区路灯布设平面图一

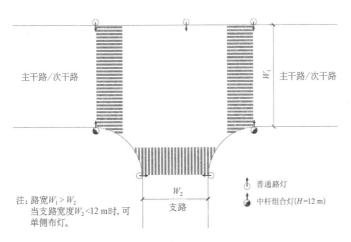

图 C. 11　T型路口道路交会区路灯布设平面图二

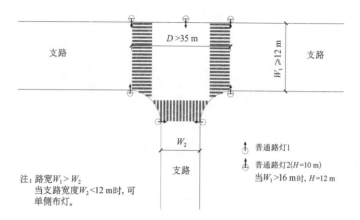

图 C.12　T型路口道路交会区路灯布设平面图三

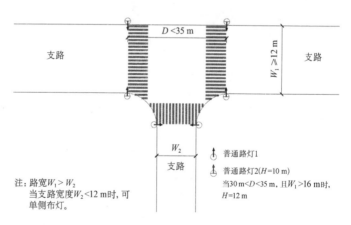

图 C.13　T型路口交会区路灯布设平面图四

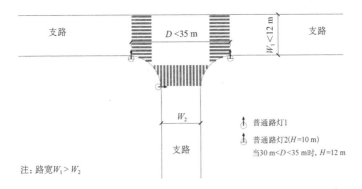

注：路宽$W_1 > W_2$

图C.14 T型路口交会区路灯布设平面图五

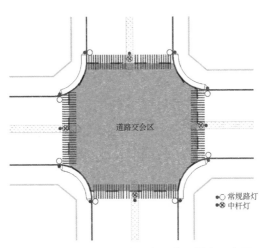

图C.15 十字路口道路交会区范围界定示意图

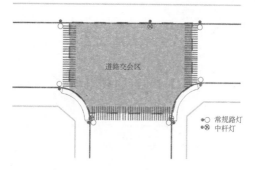

图 C.16　T 型路口道路交会区范围界定示意图

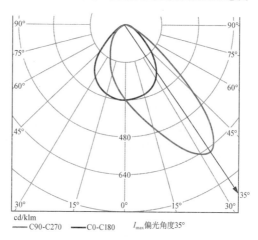

图 C.17　非对称配光 I_{max} 偏光角度示意图

注：1. 道路交会区的照明设计与验收区域为相交道路人行横道外边线与道路路
沿连线包围的区域。若路口未设人行横道线，则设计区域为路口停车线与
道路路沿连线包围的区域。

2. 图中中杆灯高度为 12 m～14 m，顶部仅安装投光灯，组合路灯为中杆灯与
普通路灯结合，即在中杆灯杆体上增加普通路灯灯具及灯臂。

3. 图中路宽 W_1、W_2 指路面有效宽度（W_{eff}）。

4. 道路交会区照明中杆灯宜采用 C90-270 平面非对称光分布的非对称配光
投光灯具，其投射方向应朝向路口中心，C90 半平面峰值光强高度角不小
于 30°，即 I_{max} 偏光角度不小于 30°。

5. 非对称投光灯具的安装仰角不应大于 35°，以保证峰值光强瞄准方向与垂
线夹角不大于 65°。

附录 D 绿化密布道路的路灯布设方式参考

在道路有机非分隔带的情况下,通常会选择在机非分隔带种植形式简洁、树形整齐、分支点高且冠幅较小的行道树。因此,当路灯设置在机非分隔带时,可采用常规设计方案,仅要求路灯与行道树树干保持 2.5 m 以上距离即可。

在道路无机非分隔带的情况下,路灯通常布设在人行道,此时行道树对于道路照明的影响较大。图 D.1～图 D.23 所示为各种道路形式路灯布设横断面参考图,其中灯具功率、仰角、间距可根据选择的灯具参数计算确定。

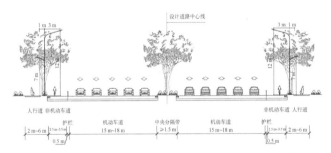

图 D.1 主、次干道(双向 10 车道,有中央分隔带)路灯布设横断面图一

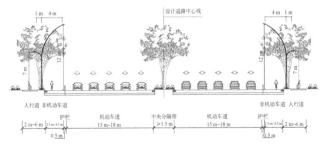

图 D.2 主、次干道(双向 10 车道,有中央分隔带)路灯布设横断面图二

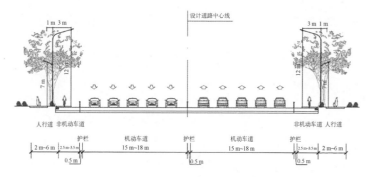

图 D.3　主、次干道(双向 10 车道,无中央分隔带)路灯布设横断面图一

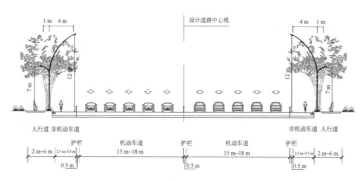

图 D.4　主、次干道(双向 10 车道,无中央分隔带)路灯布设横断面图二

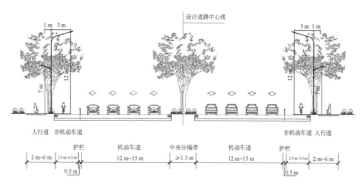

图 D.5　主、次干道(双向 8 车道,有中央分隔带)路灯布设横断面图一

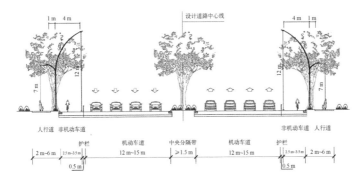

图 D.6 主、次干道(双向 8 车道,有中央分隔带)路灯布设横断面图二

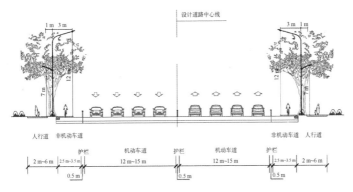

图 D.7 主、次干道(双向 8 车道,无中央分隔带)路灯布设横断面图一

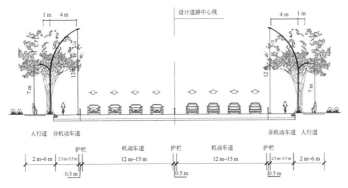

图 D.8 主、次干道(双向 8 车道,无中央分隔带)路灯布设横断面图二

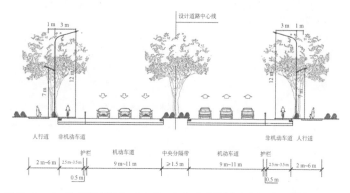

图 D.9　主、次干道(双向 6 车道,有中央分隔带)路灯布设横断面图一

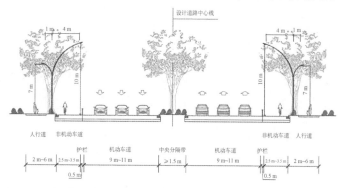

图 D.10　主、次干道(双向 6 车道,有中央分隔带)路灯布设横断面图二

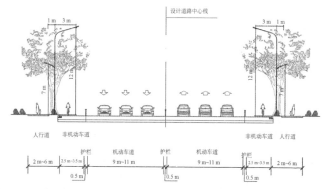

图 D.11　主、次干道(双向 6 车道,无中央分隔带)路灯布设横断面图一

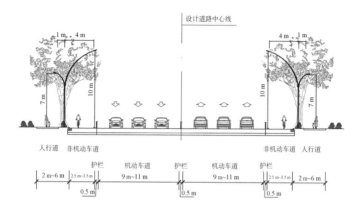

图 D. 12　主、次干道(双向 6 车道,无中央分隔带)路灯布设横断面图二

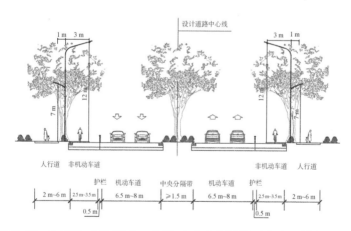

图 D. 13　次干道、支路(双向 4 车道,有中央分隔带)路灯布设横断面图一

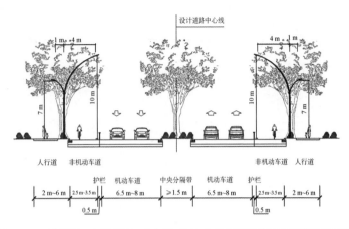

图 D.14　次干道、支路(双向 4 车道,有中央分隔带)路灯布设横断面图二

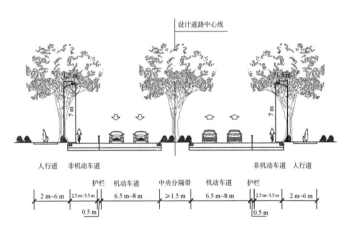

图 D.15　次干道、支路(双向 4 车道,有中央分隔带)路灯布设横断面图三

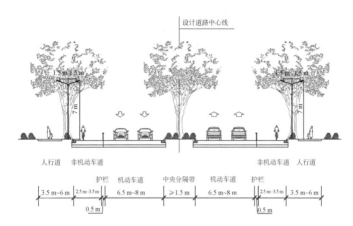

图 D.16　次干道、支路(双向 4 车道,有中央分隔带)路灯布设横断面图四

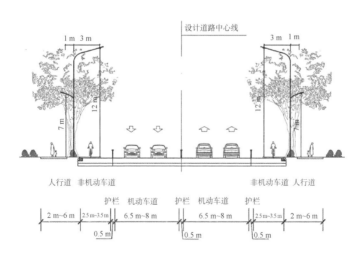

图 D.17　次干道、支路(双向 4 车道,无中央分隔带)路灯布设横断面图一

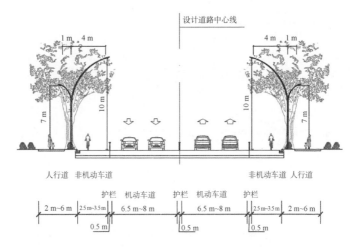

图 D.18　次干道、支路(双向 4 车道,无中央分隔带)路灯布设横断面图二

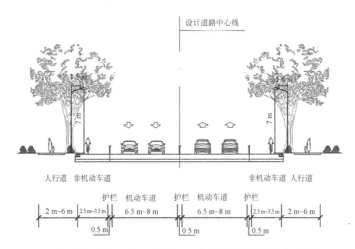

图 D.19　次干道、支路(双向 4 车道,无中央分隔带)路灯布设横断面图三

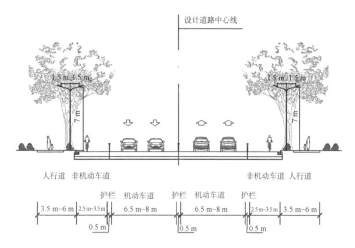

图 D.20　次干道、支路(双向 4 车道,无中央分隔带)路灯布设横断面图四

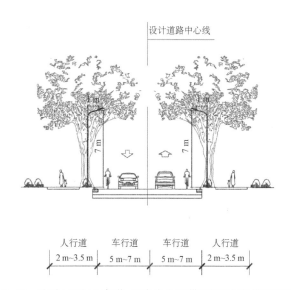

图 D.21　支路(双向 2 车道,无中央分隔带)路灯布设横断面图一

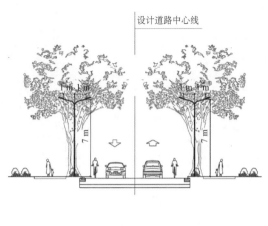

图 D.22 支路(双向 2 车道,无中央分隔带)路灯布设横断面图二

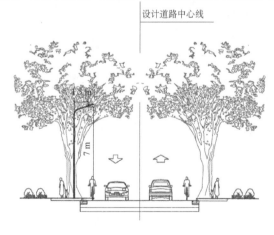

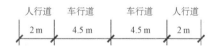

图 D.23 支路(双向 2 车道,无中央分隔带)路灯布设横断面图三

附录 E 公共区域照明布设方式参考

E.1 公共广场(停车场)照明布置

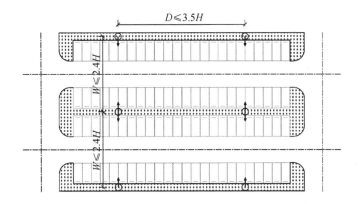

☀ 单挑普通路灯($H = 9\,\text{m} \sim 12\,\text{m}$)

☀ 双挑普通路灯($H = 9\,\text{m} \sim 12\,\text{m}$)

图 E.1-1 中间设有绿化带的公共广场(停车场)照明平面布置示意图

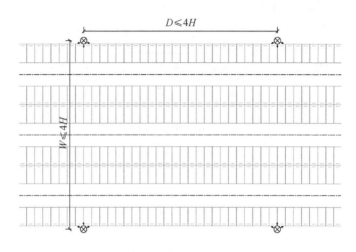

中杆灯(H=14 m)或高杆灯(H=20 m、25 m、30 m、35 m)
投光灯单侧布置

图 E. 1-2 宽度不大于 140 m 的公共广场(停车场)照明平面布置示意图

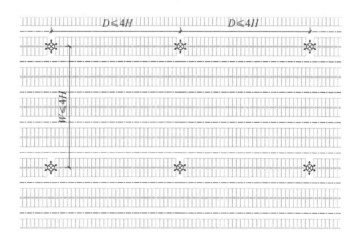

高杆灯(H=20 m、25 m、30 m、35 m)
投光灯360°圆周布置

图 E. 1-3 大型公共广场(停车场)照明平面布置示意图

E.2 里弄公共通道照明布置

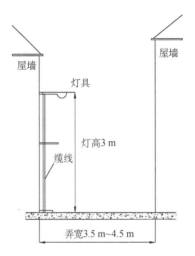

图 E.2-1 里弄公共通道建筑外立面照明断面布置示意图
（注:屋墙外灯具的缆线沿墙或埋地敷设时,均应穿保护管）

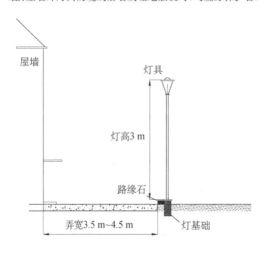

图 E.2-2 里弄公共通道庭院灯照明断面布置示意图
（注:庭院灯的缆线埋地敷设时,应穿保护管）

附录 F 灯具配光分类参数确定方法

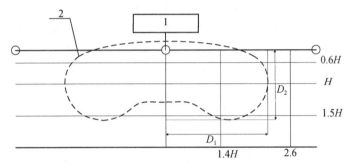

1—灯具光中心;2—灯具 1/2 最大光强曲线在路面上形成的投影线;D_1—1/2 最大光强曲线在路面上形成的投影线沿车行线方向投射的最大距离;D_2—道路侧灯具 1/2 最大光强曲线在路面上形成的投影线与灯具光中心连线最大距离,其值与灯具实际仰角有关

图 F 灯具配光分类参数示意图

附录 G 灯臂安装灯具的防坠落装置

G.0.1 常规照明路灯的防坠落装置应包括灯臂挡杆、灯具挂栓、钢丝绳和锁扣等部件。

G.0.2 灯臂挡杆强度应符合下列要求:

    1 静载试验:以 100 kg 受压 1 h,应无变形、裂纹、脱落现象。

    2 动载试验:使用试验钢丝绳拴挂 25 kg 砝码,以 1 m 高度自由落体试验 10 次,挡杆不应失效。

G.0.3 灯具内应设置专用防坠落挂栓,并符合下列规定:

    1 防坠落挂栓应独立设置在灯具本体上,不得借用接地螺钉或其他部件固定装置。

    2 钢丝绳进入灯具电气腔的部分应作绝缘处理。

    3 防坠落装置不得降低灯具的防护等级和其他技术要求。

G.0.4 防坠落装置应采用直径不小于 2 mm 的 SUS316 钢丝绳,并满足灯具载荷与坠落冲击试验要求。

G.0.5 钢丝绳与灯具的连接安装和锁扣配置宜在灯具出厂前完成并构成灯具防坠落附件。

G.0.6 灯具防坠落附件(包括灯具挂栓、钢丝绳和锁扣等)应按下列要求进行载荷与坠落冲击试验:

    1 采用灯具实际的主体结构和配置(内部器件可替换为相同质量物件),钢丝绳和锁扣按实际安装要求拴挂固定。

    2 试验钢丝绳长度(灯具接口外侧至灯臂栓挂点)为 1 m。

    3 静载试验:附件应能承受 4 倍灯具实际重量 1 h 保持稳定。

    4 坠落冲击试验:试验灯具在灯臂栓挂点高度以水平位置自由坠落,连续 5 次试验后不应有脱落现象。

G.0.7 灯具安装完毕后,防坠落装置应全部隐蔽在灯具和灯臂内。

附录 H LED 路灯灯具技术要求

H.1 结构和机械特性

H.1.1 道路照明灯具基本结构应符合下列规定：

1 灯具主体应采用铝合金压铸或型材制成，应稳定、坚固。

2 光源腔和电源腔应为两个独立的腔体，腔体之间及腔体与大气之间宜设有压力平衡装置，且各腔体均不得因冷热交替而产生凝露。

3 灯具内部宜采用模块化布局。

4 灯具外部不得存在积水或积灰的坑槽。

5 灯具宜采用免工具开盖方式，且开盖过程中不得有任何可能掉落或脱落的零部件。

6 常规照明路灯宜采用上翻开盖，开盖应有止锁固定装置。

7 灯盖应能方便关合，且不应降低密封或封闭性能。

H.1.2 灯具结构材料应符合下列规定：

1 与大气接触的金属部件应满足 WF2 类防腐要求。

2 暴露在大气中及阳光下的材料，老化寿命不应少于20 年。

3 非金属材料应能抗紫外线辐射、耐受冷热交替环境。

4 密封材料应耐热，形态应稳定。

5 灯具内紧固件宜采用不锈钢材料。

H.1.3 灯具透光或反光材料应符合下列要求：

1 透光部件应无气泡、无划痕或裂纹等缺陷。

2 灯具如选配透光防护罩，应采用抗紫外线、不易老化的高透光材料。

3 透镜材料的初始透光率不应低于 90%，抗紫外试验应按现行国家标准《机械工业产品用塑料、涂料、橡胶材料人工气候老化试验方法 荧光紫外灯》GB/T 14522 与《塑料实验室光源暴露试验方法 第 1 部分:总则》GB/T 16422.1 执行;测试 1 000 h 后透光率的下降不应超过 5%，色品坐标的偏差 Δ_{uv} 不应大于 0.01。

注:Δ_{uv} 为色品坐标偏差,以 CIE1960UCS 均匀色度标尺表示。

4 反光材料表面应具有防止污染、变色的措施。

H.1.4 灯具应满足现行国家标准《道路与街道照明灯具性能要求》GB/T 24827 规定的振动试验要求,试验加速度采用 3.0g (29.4 m/s^2)。

H.1.5 灯具外壳防护应符合下列要求:

1 一般灯具宜按现行国家标准《电工电子产品环境试验 第 2 部分:试验方法 试验 Ka:盐雾》GB/T 2423.17 进行 96 h、(35±2)℃盐雾试验。

2 应用于腐蚀性较强区域的灯具和隧道照明灯具,外壳需特殊喷涂,并应按现行国家标准《电工电子产品环境试验 第 2 部分:试验方法 试验 Ka:盐雾》GB/T 2423.17 进行 336 h 盐雾试验。

3 灯具外部的防护或装饰涂层不应在使用寿命期限内出现失效或褪色现象。

H.2 电气特性

H.2.1 灯具电源应满足下列要求:

1 额定电压为 AC 220 V±10%,50 Hz±1%。

2 LED 灯具在电压偏差±20%时应能正常工作。

3 功率大于 50 W 灯具的功率因数不应低于 0.95;小功率灯具的功率因数不应低于 0.90。

H.2.2 非发光器件的功耗不应大于灯具标称功率的 10%。

H.2.3 灯具内部的电路板等器件应采取密封或防潮涂覆等措施。

H.2.4 灯具电磁兼容抗扰度要求应符合现行国家标准《一般照明用设备电磁兼容抗扰度要求》GB/T 18595 的相关规定。

H.2.5 灯具(含监控装置)抗无线电干扰特性应符合现行国家标准《电气照明和类似设备的无线电骚扰持性的限值和测量方法》GB/T 17743 的要求；谐波电流发射限值(设备每项输入电流≤16 A)应符合现行国家标准《电磁兼容 限值 第1部分:谐波电流发射限值(设备每相输入电流≤16 A)》GB 17625.1 的要求。

H.2.6 灯具的电源输入端和控制输入端均应配置不低于 10 kV 的浪涌保护器,并符合现行国家标准《低压电涌保护器(SPD) 第1部分:低压配电系统的电涌保护器性能要求和试验方法》GB 18802.1 的要求。

H.3 安全要求

H.3.1 道路照明灯具应符合现行国家标准《灯具 第1部分:一般要求与试验》GB 7000.1、《灯具 第2-3部分:特殊要求道路与街路照明灯具》GB 7000.203、《道路与街道照明灯具安全要求》GB 7000.5、《投光灯具安全要求》GB 7000.7 的各项规定。

H.3.2 高空安装的灯具应符合下列规定:

    1 应在正常安装固定的基础上,增设柔性防坠落保护措施。

    2 灯具若加装透光防护罩,宜采用钢化玻璃。

    3 维修时可能活动的部件应具有不少于两个连接点。

    4 可能意外碎裂的部件,不应形成伤害性碎片掉落。

H.3.3 灯具外壳的金属部件必须可靠接地,应设有专用接地端子。

附录 J 常规照明灯杆技术要求

J.0.1 灯杆材质宜为 Q355B(Q235A)碳素结构钢,应符合现行国家标准《优质碳素结构钢》GB/T 699、《碳素结构钢》GB/T 700 的相关要求。

J.0.2 灯杆的杆体宜为锥形体,截面宜为圆形或正多边形,壁厚不应小于 4 mm。

J.0.3 灯杆的直线度偏差不应大于 0.3%,高度偏差不应大于 0.5%。

J.0.4 灯臂长度偏差不应大于 1%,与灯杆的连接应紧固、稳定,角度偏差应不超过 1°,且不得有松动或位移现象。

J.0.5 灯杆底座法兰厚度应大于 20 mm,且满足稳定性要求;灯杆与法兰的垂直度偏差不应超过 1°。

J.0.6 高度不超过 12 m 的灯杆,底座法兰宜为方形,孔距 240 mm,连接螺栓 M24。

J.0.7 灯杆(含灯臂)最大抗风速应为 40 m/s。

J.0.8 采用承插方式安装路灯时,承插杆应符合下列规定:

　　1 直径 $\phi 60^{+1.0}_{-0.6}$ mm,100 mm≤长度<120 mm。

　　2 承插杆底部应设有挡圈。

　　3 灯具安装紧定后,承插杆变形量不应超过 1%。

J.0.9 灯杆底部设置电气检修孔时,应符合下列规定:

　　1 检修孔尺寸(高×宽)宜为 400 mm×120 mm 或 600 mm×120 mm(后者适用于检修孔内安装 LED 驱动电源的情况)。

　　2 检修孔周边应采取补强措施。

　　3 检修孔门盖与杆体之间宜采用铰链连接,应采用由专用工具操作的紧固螺钉。

4 检修孔与门盖的缝隙不应大于 1.5 mm。

5 检修孔下沿与灯杆底座法兰的垂直距离应大于 500 mm。

J.0.10 灯杆内腔的走线通道应顺畅,转角应设有导管,且不应多于 2 个。

J.0.11 灯杆内专用接地端子应采用 M8×25 不锈钢螺栓,并设有明显标识。

J.0.12 灯杆宜采用冷轧钢材制作;灯杆材料不应有裂缝、折叠、夹杂和重皮等现象,表面瑕疵的深度不应大于该材料负偏差值的 1/4,且累计偏差应在允许负偏差范围内。

J.0.13 钢材应具有可追溯标记;若原有标记在制造过程中分割,应在材料分割前完成标记移植。

J.0.14 灯杆焊接应符合现行国家标准《金属材料熔焊质量要求》GB/T 12467 的规定,焊缝质量应为二级。

J.0.15 灯杆成品应探伤检查。

J.0.16 灯杆表面防护应采用热镀锌技术,附加装饰性喷塑涂层时,宜采用热固性聚酯粉料。

J.0.17 灯杆的金属配件应采用不锈钢、热镀锌钢构件等耐腐蚀材料,所有紧固件均应采取防松措施。

J.0.18 装饰性配件应采用铝合金、不锈钢等质量轻、耐腐蚀材料。

附录 K 路灯接线端子、接线盒的技术要求

K.0.1 接线端子应与电缆可靠连接,宜与接线盒分设;接线端子应提供小线径导线的引出接线柱,且不易被氧化。

K.0.2 接线盒应通过接线端子实现与路灯电缆的接线以及灯具的安全保护;应支持路灯监控系统所需的终端控制器、灯具保护熔丝、防雷模块以及接线端子排的布设。

K.0.3 接线盒基座及罩壳材料应采用具有良好物理化学性能且不易变形的工程塑料,并具有良好的封闭性、耐压性、阻燃性、耐水性和抗冲击性。

K.0.4 接线盒内应采用具有指示灯功能的保护熔丝和防雷模块,以便于观察和更换。

K.0.5 接线盒尺寸应不大于 100 mm×100 mm(宽×深),高度尽可能小,以便于安装在各类路灯杆内。

K.0.6 接线盒的结构应符合下列规定:

    1 在组装完成后,应按照现行国家标准《外壳防护等级(IP代码)》GB/T 4208 的规定进行试验,不能触碰到接线盒的带电部件。

    2 在按规定正确使用接线盒时,因为机械和热应力而造成壳体和/或盒盖的变形,应保证不降低接线盒壳体的防护等级。

K.0.7 接线盒应能够承受与额定电压有关的脉冲电压测试(1.2/50 μs)及电压保护测试。

K.0.8 接线盒内器件应满足电气间隙及爬电距离,绝缘表面的形状应符合现行国际电工委员会标准《低压供电系统内设备的绝缘配合 第1部分:原则、要求和试验》IEC 60664 的规定。

附录 L 升降式高杆照明灯杆技术要求

L.0.1 高杆灯的杆体宜为圆锥形或多边棱锥形渐缩柱体结构，并应符合现行国家标准《钢结构设计规范》GB 50017 的相关规定。

L.0.2 灯杆的钢材应采用性能分别符合现行国家标准《优质碳素结构钢》GB/T 699、《碳素结构钢》GB/T 700 和《不锈钢棒》GB/T 1220 规定的碳素结构钢、低合金结构钢，不锈钢钢材的技术参数不低于 Q235B 型钢材。

L.0.3 灯杆表面采用热镀锌防护处理，应符合现行国家标准《金属覆盖层 钢铁制件热浸镀锌层 技术要求及试验方法》GB/T 13912 的要求；如喷塑处理，喷塑材料宜采用热固性纯聚酯粉料。

L.0.4 灯杆底座法兰与基础尺寸应统一；应按照实际需要计算法兰板厚度和安装螺栓的长度和数量。

L.0.5 灯杆底部应设与杆体铰链链接的防护门，并配防盗措施；门缝间隙不大于 2 mm；门下沿距离灯杆底座法兰的垂直距离不小于 650 mm。

L.0.6 灯杆的接地装置应符合现行国家标准《电气装置安装工程 接地装置施工及验收规范》GB 50169 的要求，应配置 M8×25 不锈钢或镀锌接地螺栓；接地电阻不大于 4 Ω。

L.0.7 灯盘结构宜选用铝合金材料的多片组装，灯具支架为可调式，封闭式灯盘应有良好的散热条件，盘内连接线应采用自锁式防松防水插接头。

L.0.8 灯盘的升降系统应采用不旋转镀锌钢丝绳或不锈钢丝绳，并应符合现行国家标准《电梯用钢丝绳》GB/T 8903 和《不锈钢丝绳》GB/T 9944 的要求，安全系数不应小于 8。

L.0.9 减速机构应灵活、轻便,并具有自锁功能,灯盘升降速度不宜超过 6 m/min。

L.0.10 所有紧固件一般宜采用不锈钢材料。涉及受力较大的连接,应采用高强度螺栓。

L.0.11 其他有关升降式高杆灯的技术规格书应按照现行行业标准《高杆照明设施技术条件》CJ/T 457 的规定执行。

附录 M　路灯控制箱技术要求

M. 0. 1　路灯控制箱应具有过电压保护、过载保护、短路保护、防雷和保安接地装置。

M. 0. 2　路灯控制箱内应设置路灯控制装置,并符合本标准第 8 章的相关要求。

M. 0. 3　路灯控制箱应包括电源进线与计量、照明配电、配电保护、照明监测与控制等装置或模块,其中电源进线与计量装置应安装在独立隔舱内。

M. 0. 4　路灯控制箱宜采用三相供电,电源电压为 AC 380/220 V。

M. 0. 5　电源进线与计量舱室应符合下列规定:

　　1　进线与计量舱室应位于箱体左侧,设置电业专用锁具。

　　2　表板应采用厚度不小于 5 mm 的阻燃绝缘板制作。

　　3　进线开关和电度表之间应设置隔板。

　　4　表计由电业安装。

M. 0. 6　进线总保护应按下列要求配置:

　　1　额定热稳定电流应为 16 kA,时间 1 s。

　　2　额定动稳定电流标准值应为 2.5 倍额定热稳定电流。

　　3　断路器的短路开断电流不应小于 25 kA。

M. 0. 7　路灯控制箱运行环境条件应符合下列要求:

　　1　温度:(-10~44)℃。

　　2　相对湿度:95%(RH)。

　　3　污秽等级:Ⅲ级。

M. 0. 8　路灯控制箱防护等级不应低于 IP 54,冲击防护等级不应低于 IK 10。

M. 0. 9　路灯控制箱应配置 4 个三相照明供电回路,出线保护应符合下列要求:

　　1　每个回路均应独立保护。

　　2　出线保护应采用刀熔开关,熔体规格应满足照明电缆的短路保护要求。

　　3　照明供电应允许缺相运行。

M. 0. 10　出线检测电流互感器应采用 0.5S 级,额定一次电流宜为配线保护熔体电流的 1.25 倍。

M. 0. 11　路灯控制箱应采用下进下出线方式,进出线均应设置过电压吸收和防雷保护装置。

M. 0. 12　路灯控制箱应为通信天馈线和 GPS/北斗天线预留防水的安装进线孔。

附录 N 中间验收和竣工验收

N.1 中间验收

N.1.1 基础工程,包括地基的承载力、钢筋和预埋件检测、基础混凝土强度检测、基础混凝土深度检测。

N.1.2 管道工程,包括管道埋深测量、管道材料及手孔井盖检测。

N.1.3 接地系统,包括接地电阻检测。

N.1.4 线缆工程,包括线缆规格和电气性能检测。

N.2 竣工验收

N.2.1 所有设备应试运行合格。

N.2.2 照明质量应符合本标准第3章道路照明评价指标的要求。

N.2.3 光源与灯具的选择应符合本标准第6章光源与灯具的要求。

N.2.4 道路照明节能标准应符合本标准第9章节能标准的要求。

N.3 项目移交所需资料

N.3.1 示例一

序号	各阶段归档文件
	一、前期立项文件
1	项目建议书审批意见及项目建议书报告和附件
2	可行性研究报告审批意见及可行性研究报告和附件

续表

序号	各阶段归档文件
3	建设项目列入年度计划的批复文件或年度计划项目表
	二、设计阶段
4	初步设计评审意见
	三、施工阶段
	（一）施工组织设计、质量计划文件
5	施工组织设计审批表
6	施工组织设计
7	建设工程质量人员从业资格审查表
8	建设工程特殊工种人员上岗审查表
	（二）质量管理文件
9	工程概况
10	工程开工报告
11	工程竣工报告
12	技术交底记录
13	工程设计变更及汇总表
14	工程质量事故报告
15	工程质量事故处理记录
16	工程控制点测量放样复核记录
17	施工现场质量管理检查记录
18	工程质量保修书
19	施工小结
20	监理小结
	（三）质量保证文件
21	各类材料、设备试验报告汇总表

续表

序号	各阶段归档文件
22	各类材料、设备试验报告
23	各类材料、设备质量证明书、复试报告、质量证明书等
	（四）质量评定文件
24	隐蔽工程验收单
25	单位(子单位)工程质量竣工验收记录
26	单位工程质量保证资料检查记录
27	各单位(子单位)工程观感质量检查记录
28	分部(子分部)工程质量验收记录
29	检验批质量验收记录
	四、竣工阶段
30	移交接收单
31	移交接管申请(流转表)
32	移交接管申请
33	移交接管协议
34	移交接管说明
35	设施量清单
36	路灯设备普查图
37	单灯监控设备安装信息
38	道路测试报告
39	基础测量报告
40	管线测量报告
41	竣工图
42	工程照片

N.3.2 示例二

专项验收资料清单		
名称		项目资料
电子文件	接管资料	竣工图
		设施清单
		移交接管申请
		移交接管协议
		路灯设备普查图
纸质文件	接管表单 (其中协议、说明、设施量清单加盖骑缝章)	道路照明工程移交接管申请(正反面打印,建设单位盖章)×4
		道路照明设施移交接管协议(正反面打印,建设单位盖章)×4
		道路照明设施移交接管说明(正反面打印,建设单位盖章)×4
		道路照明移交接管施量清单(A3,建设单位盖章)×4
	工程资料	项目工程可行性研究报告批复、项建书(建设单位盖章)×1
		工程登记表(搬迁申请表)、合同备案表盖章原件×1
		设计(搬迁)方案书面征询单设计意见回复函各原件×1
		隐蔽工程验收表 道路照明工程专项验收表原件×1
		工程质量验收评价表×1
		照度测试报告
		管线跟测报告
		监理报告(开、竣工报告及其相关附件、质量评估报告、监理总结)×1
		道路照明设施资产、材料移交表
		路灯设备普查图×1

续表

专项验收资料清单		
名称		项目资料
纸质文件	质保书、合格证	照明设备质保书(原件)×1
		照明设备合格证(原件)×1
		灯杆型式报告(综合杆参照 DG/TJ 08—2362)
		灯具说明书
		线缆质量证明(原件)×1
		分界协议(若涉及桥梁、隧道等特殊路灯基础)
	图纸	竣工图(加盖设计出图章和竣工章)
		灯具厂商盖章的照度计算书×1

N.4 设计文件要求

照明设计文件须具有资质的设计单位出具,满足施工图深度要求,并在完成内部审核与专业评审后提交。

设计文件应包含封页、图纸目录、工程总说明、材料清单、照明干线图、典型断面图、平面布置图、控制箱基础图、灯杆基础图、灯具型式图、灯杆样式图(含结构参数、材质、色号,法兰、检修门部件等内容)、控制箱一次系统图、控制箱二次系统图、接线盒布置示意图、监控系统图、安装示意图(防坠落装置)、照明计算书等内容。如涉及搬迁拆除原有照明设施,应提供搬迁、割接、拆除及临时照明设施的设计文件;如涉及桥隧、高架等建设项目,需提供土建基础图纸及结构计算书。

建设单位应在设计文件通过意见征询后,按照设计文件施工;如涉及重大变更,需重新申请设计意见征询。设计文件未经征询或征询未通过,建设单位不得施工。

本标准用词说明

1 为便于在执行本标准条文时区别对待,对要求严格程度不同的用词说明如下:

1）表示很严格,非这样做不可的用词:

正面词采用"必须";

反面词采用"严禁"。

2）表示严格,在正常情况下均应这样做的用词:

正面词采用"应";

反面词采用"不应"或"不得"。

3）表示允许稍有选择,在条件许可时首先应这样做的用词:

正面词采用"宜";

反面词采用"不宜"。

4）表示有选择,在一定条件下可以这样做的用词,采用"可"。

2 条文中指明应按其他有关标准、规范执行的写法为"应符合……的规定"或"应按……执行"。

引用标准名录

1 《球墨铸铁件》GB/T 1348
2 《灯具 第1部分:一般要求与试验》GB 7000.1
3 《灯具 第2-3部分:特殊要求 道路与街路照明灯具》GB 7000.203
4 《投光灯具安全要求》GB 7000.7
5 《检查井盖》GB/T 23858
6 《道路与街路照明灯具性能要求》GB/T 24827
7 《道路照明用LED灯 性能要求》GB/T 24907
8 《LED城市道路照明应用技术要求》GB/T 31832
9 《智慧城市智慧多功能杆服务功能与运行管理规范》GB/T 40994
10 《道路和隧道照明用LED灯具能效限定值及能效等级》GB 37478
11 《高耸结构设计标准》GB 50135
12 《电气装置安装工程 电缆线路施工及验收标准》GB 50168
13 《电气装置安装工程 66 kV及以下架空电力线路施工及验收规范》GB 50173
14 《电气装置安装工程 接地装置施工及验收规范》GB 50169
15 《室外作业场地照明设计标准》GB 50582
16 《建筑物防雷工程施工与质量验收规范》GB 50601
17 《城市道路照明设计标准》CJJ 45
18 《城市道路照明工程施工及验收规程》CJJ 89

19 《城市地下道路工程设计规范》CJJ 221

20 《城市照明自动控制系统技术规范》CJJ/T 227

21 《公路隧道设计规范 第二册 交通工程与附属设施》
JTG D70/2

22 《公路隧道照明设计细则》JTG/T D70/2-01

23 《城市照明节能评价标准》JGJ/T 307

24 《大型公路桥梁中压配电系统技术条件》JT/T 823

25 《LED 路灯》CJ/T 420

26 《道路隧道设计标准》DG/TJ 08—2033

27 《建设项目(工程)竣工档案编制技术规范》
DG/TJ 08—2046

28 《地下管线探测技术规程》DGJ 08—2097

29 《隧道发光二极管照明应用技术标准》DG/TJ 08—2141

30 《道路照明设施监控系统技术标准》DG/TJ 08—2296

31 《综合杆设施技术标准》DG/TJ 08—2362

标准上一版编制单位及人员信息

DG/TJ 08—2214—2016

主 编 单 位：上海市城市建设设计研究总院
　　　　　　上海市电力公司路灯管理中心
参 编 单 位：上海一柯光电科技有限公司
　　　　　　上海路辉电子科技有限公司
主要起草人：陈　洪　陈　雷　隋文波　王小明　吕清淼
　　　　　　顾国昌　戴孙放　沈宙彪　谢俊彦　刘源昌
　　　　　　徐　俊　洪建成
主要审查人：陆继诚　王　晨　高小平　张兴军　周　详
　　　　　　陈　元　沈海平

上海市工程建设规范

道路照明工程建设技术标准

DG/TJ 08—2214—2024
J 13579—2024

条 文 说 明

2024　上海

目 次

Contents

1 总 则

1.0.3

伴随上海市道路照明管理体制的改革,行业部门要求中心城区和各区的道路照明需在本市统一管理的架构下正常运行。为贯彻本市城市数字化转型的相关政策,本标准秉持"安全、先进、经济和节能"的总体原则,倡导全市道路照明业务系统的统一集成、综合管理,推动道路照明设施运行和管理的数字化转型。

2 术语和符号

2.1 术 语

2.1.5 路面平均亮度

按国际照明委员会(CIE)有关规定测量或计算。

2.1.12 维护系数

因环境尘埃对灯具造成发光损耗,或经使用因光源光衰、灯具材质老化造成损耗后,所产生的光通量与该装置在相同条件下新安装时光通量比的最小值。

2.1.26 半高杆照明

可按常规照明方式或高杆照明方式配置灯具。其中,灯杆高度 15 m 以下,以登高车维护为主;灯杆高度 15 m 及以上,以人员攀爬维护为主。

2.1.34 路面有效宽度

当灯具采用单侧布置方式时,路面有效宽度为实际路宽减去一个悬挑长度。

当灯具采用双侧(包括交错和相对)布置方式时,路面有效宽度为实际路宽减去两个悬挑长度。

当灯具在双幅路中间分隔带上以中心对称布置方式时,路面有效宽度就是道路实际宽度。

3 基本规定

3.1 道路照明分类

3.1.2

1 快速路指中央分隔、全部控制出入、具有单向双车道或以上的多车道、供汽车以较高速度行驶的道路,又称汽车专用道。具体可参考行业标准《城市快速路设计规程》CJJ 129—2009 中第 2.0.1 条的定义。

2 高速公路照明包括入城(镇)段、主线、出城(镇)段、立交、桥隧段、收费广场、服务区、停车场等处的照明;一级至四级公路可根据道路沿线商住开发情况和实际管理需求,分阶段实施道路照明工程。

3 上海城镇化区域的乡村道路可按照城市道路照明标准等级的低限值配置照明设施,应达到"有路就有照明"的标准。

4 隧道照明的工程设计、建设属于隧道工程实施范畴。隧道中间段、出入口段、过渡段的路面照明应服从于城市道路照明的管理。

3.2 道路照明评价指标

3.2.1

5 以下场景可不考虑环境比:在城市繁华的景观道路或商业道路,街道旁商店橱窗照明或建筑外景观照明对路面照明贡献足够的情况;隧道道路与周围环境无通行接壤的情况;避免城市(高架)快速路照明影响周边居民睡眠的情况。

3.3　道路照明标准

3.3.1

1　选定"路面亮度"为机动车道照明标准值,是与国际标准接轨的重要举措,参考的是国际照明委员会(CIE)和北美照明工程师学会(IESNA)的相关标准。

路灯发射的光通量仅仅是向路面提供一定的照度,而对驾驶人起作用的视觉效应是行车方向下游一定范围内的路面亮度。因此,以"路面亮度"为依据制定机动车道照明标准更为合理。

本市道路照明工程实际验收时,通常以检测路面获得的照度作为评价设计、施工达标与否的依据。因此,本标准在第10.3.3条规定在道路照明工程验收时,以路面实际获得的照度作为验收标准值。

2

1)公路城镇段的三级公路存在两级车速限制:对于车速限制较高的路段,照明采用亮度标准为 $1.0/1.5 \ \mathrm{cd/m^2}$;对于车速限制较低的路段,照明采用亮度标准为 $0.75/1.0 \ \mathrm{cd/m^2}$。

2)鉴于高速公路的线型设计标准较高,且两侧设有防撞的封闭设施,高速公路的主线段允许车辆打开远光灯行驶,因此高速公路主线段的照明标准可比入城段降低一个等级。

6　当桥面宽度小于预期连接的道路宽度时,应在桥梁入口处设置灯具,提供垂直照明。

3.3.3

机动车道承载的交通量大、交通重要性高,非机动车道的照明往往按照机动车道照明的间距标准布设灯杆,尤其是建有机非分隔带的道路照明,常常采用同一灯杆布设双灯照明的方案。

理论上,非机动车道的灯具功率、安装高度与机动车道可以不同于机动车道的灯具,但受制于多杆合一、灯具安装间距等因素,非机动车道的照明均匀度可不作规定。

3.3.7

关于维护系数(K):路灯在运行一段时间后,光源功能衰减和灯罩的污染将使灯具效率降低。因此,路灯照明设计计算中考虑路灯维护系数(K)时,应使路灯配置功率大于道路照明标准所需要的路灯功率。相应地,路灯运行初期的道路亮度会超过标准值。为此,可考虑路灯运行初期的调光控制,将路灯初始运行时的道路亮度维持在设计的标准范围内。

关于利用系数(U):由于道路照明空间环境的影响以及灯具安装高度、灯具二次光学的设计差别,路面接收到的光通量并不等于灯具发射的光通量。照明利用系数(U)是光源总光通量中投射在车道整个宽度的路面上的光通量比例。在确定照明器具后,可根据配光特性、道路有效宽度、灯具安装高度、悬挑长度、安装角度等参考计算。

抽象来看,道路照明系统所提供的能量从供电端→驱动电源→电光源→灯具→被照射的地面,存在多级能量转换,如图1所示。

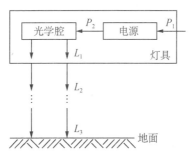

P_1—驱动电源输入功率(W);P_2—驱动电源输出功率(W);L_1—光源发射的光通量(lm);L_2—灯具发射出的光通量(lm);L_3—灯具投射到地面的光通量(lm)

图1 道路照明系统能量转换示意图

由此,相关术语的含义如下:

电源效率:$\eta_1 = P_2/P_1(\%)$

灯具效率:$\eta_2 = L_2/L_1(\%)$

照明效率:$\eta_3 = L_3/L_2(\%)$

照明利用系数(U):

$U(\eta_0) = $ 照明效率 $\eta_3 \times$ 灯具效率 $\eta_2 = L_3/L_2 \times L_2/L_1$ $= L_3/L_1(\%)$

灯具能效:$L_2/P_1(\text{lm/W})$

照明能效:$L_3/P_1(\text{lm/W})$

其中,照明效率指路面所测得的光通量与该灯具所输出光通量的比值(%);照明能效指在规定的使用条件下,灯具输出的到达路面的光通量与灯具所输入的功率之比,单位为流明/瓦(lm/W)。

关于平均亮度与平均照度的换算系数(f_c):相同照度下路面的亮度与道路表面的反射系数有关,采用不同标号沥青的路面反射系数不同,新建道路与已通车运行道路的路面反射系数也不相同。因此,表 3.3.7 的平均亮度与平均照度的换算系数(f_c)仅供参考。考虑到新建道路铺设的沥青含油量较高,对照射光往往产生较强的漫反射,致使路面亮度测量值偏低,此时平均换算系数的取值可适当提高。

4 设置要求

4.1 一般要求

4.1.4

随着本市新型城镇化的建设与城乡融合发展的推进,郊区乡、镇建设道路照明的需求日益提升。

乡村道路照明包括连接村镇内部各主要区域的干路、支路以及连接村民住宅的巷路的照明,也包括连接乡、镇内各建筑物和活动场所的道路照明。

实际工程中,可比对该区域的道路建设标准,按照城市道路的照明标准配置该区域的道路照明设施。

4.2 设备布设要求

4.2.1

1 光污染属于环境污染源,包括白亮污染、人工白昼污染、采光污染等。路灯布设不会造成人工白昼污染,设计阶段就应引起足够的重视,路灯调试或投入运行初期应加以解决。光污染及其限制标准可参考 CIF《Guide on the Limitation of the Effects of Obtrusive Light from Outdoor Lighting Installations, 2nd Edition》(CIE 150:2017)。

4.2.2

1 路灯杆件、基础、手井、预埋管及其他设施,均不得侵入道路限界范围。

4.2.3

在本市道路照明设施的数字化管理中,已普遍采用二维码技术作为标识。可进一步推广 RFID 技术的应用,促进道路照明设施实时信息的现场采集。

4.2.5

2 道路工程桥梁段的照明通常选用与道路工程相同的常规照明杆灯。当立杆或背包设置条件受限时,可采用护栏式照明或在桥梁两端设置投光灯。

4.2.7

道路照明改造工程中,维持原有路灯杆件与路灯间距不变,仅仅变换灯具的情况下,道路照明需要解决的主要是防眩光和照明均匀度的问题。道路照明改造工程的设计应关注灯具的光学参数,并应根据道路实际状况和原有的灯高、灯间距考虑二次光学的特殊设计,提供合适配光曲线的灯具。

5 照明方式

5.1 道路照明方式

5.1.1

常规照明的灯具功率和供电需求应根据道路等级（功能）、道路横断面形式、道路有效宽度（路幅），按本标准公式（3.3.7）确定。

常规照明方式应采用行业标准《城市道路照明设计标准》CJJ 45—2015 中图 5.1.3 的前四种基本方式，即单侧布置、双侧交错布置、双侧对称布置和中心对称布置。

5.1.2

1 路灯的悬挑一般为 1/4 灯高，这是根据道路照明的配光要求和灯臂的机械强度要求而定的。当树荫浓密对路灯存在遮蔽的情况时，若需要增加悬挑长度，必须进行机械设计的校核。

2 为最大限度克服路灯的眩光影响，灯具安装仰角度应尽可能小。结合上海道路照明的实际情况，宽高比（路面有效宽度与灯高之比）小于 1 的灯具仰角不宜超过 12°，宽高比大于 1 的灯具仰角不宜超过 15°。

5.1.4

在高架道路互通立交处设置高杆灯，存在检修及维护成本较高、对多层立交的照明覆盖不均匀等问题，且在夜晚易对周围环境造成光污染，影响周边居民睡眠。因此，本市道路新建工程的功能性照明原则上不推荐采用高杆照明。

5.1.5

当城市（高架）道路/公路涉及高压输电线路上跨、存在涉及铁路范围或途经高景观要求区域等场景时,宜采用嵌入式照明或护栏式照明方式实现(高架)道路照明。由于灯具安装高度较低,可能会影响路面亮度均匀度、造成眩光,建议采取的措施有:

1 减少灯间距,尽量保持良好的亮度纵向均匀度。

2 灯具增加防眩光措施。

3 灯高避开驾驶人正坐时的眼睛高度。

5.1.7

2 根据上海市工程建设规范《城市道路设计规程》DG/TJ 08—2106—2012 第 3.4.4 条,本市城市快速路的最小净高按照路网交通管理措施采用 5 m。本标准提及的全封闭式声屏障净空高度与快速路最小净高保持一致,取 5 m。

表 5.1.7 中的灯具安装间距,以路面亮度和闪烁频率综合计算得出。其中,闪烁频率按小于 2.5 Hz 或大于 15 Hz 的限值计算。

6 照明设施

6.1 光源与灯具

6.1.2

随着 LED 发光技术的成熟与发展,在国家节能减排方针、能源发展战略的引领下,采用节能效果明显的 LED 光源已成为国内各大城市在道路照明工程中的建设趋势。鉴于目前 LED 照明应用领域的技术情况,本标准对 LED 光源提出若干指标性要求。

6.1.4

实际工程中,灯具选型宜综合考虑建设单位的需求、行业部门对灯具能效等级的要求等因素。

6.1.6

应做好道路照明设施的运行与管理工作,防止设施在运行过程中产生光污染,尤其不得对周围居民的睡眠造成影响。

6.1.10

采用热管导热和带散热片的 LED 模块属于被动性散热模块,本标准推荐采用。采用风扇或水冷循环散热的 LED 模块属于主动性散热模块,本标准不推荐采用。

对于 LED 的被动散热器,应采用防护罩或自清洁方式,防止散热器长期暴露在露天,引起类似鸟粪、尘埃等异物的堆积而导致散热效率的下降。

6.3   控制设备

6.3.2

对于建设综合杆的工程,所选用的综合电源箱应符合上海市工程建设规范《综合杆设施技术标准》DG/TJ 08—2362—2021 的相关规定,其外观、材料、结构、功能、性能等均应满足该标准附录 C 的技术要求。

6.4   管线及其敷设

6.4.2

1   道路照明电缆应穿保护管经路灯基础旁的手井进入灯杆。该管道的弯曲半径应不小于管道外径的 10 倍。

3   可探索预成型/装配式复合材料检查井、预制拼装组合基础等在实际工程中的试点应用。

7 照明供电

7.1 一般规定

7.1.1

1 依托综合杆工程选用综合电源箱时,除考虑为路灯提供电源外,还应考虑路口与路段的智能交通系统、路段的安防系统和公共通信系统等信息化设施的用电需求。综合电源箱按照现行上海市工程建设规范《综合杆设施技术标准》DG/TJ 08—2362 的相关要求执行。

3 地下道路或隧道照明的配电柜和稳压柜为照明专用设施,由依托地下道路或隧道工程统一建设的供配电系统进行供电,且专设照明负荷计量。

6 LED 驱动电源通常采用开关电源,所输出的矩形波会产生高次谐波,会对供电系统造成影响。因此,当 LED 照明设施投运后应按照国家标准和配电区段的有关规定开展高次谐波检测,并按需配备高次谐波抑制器。

7.1.2

城市地下道路、越江隧道、高速公路收费站及服务区、大型停车场、码头装卸区等重要公共活动场地的照明供电,应根据主体工程规模及负荷级别要求选择合适的供电模式,如双电源供电。

7.1.3

道路照明灯具的供电终端电压压降要求限制在±10％以内。经计算,该低压供电方式的供电半径为 500 m～600 m,即在道路照明供电系统设计中,一般每隔 1 000 m～1 200 m 要设 1 座

10/0.4 kV 变电站。

7.1.6

对于长距离供电的照明设施,可先采用 10 kV 电缆中压送电至照明负荷处,再通过小型高防护等级(IP68)的地埋式变压器降压至灯具额定电压 AC 220 V。该供电方式可省去每隔 1 000 m～1 200 m 所设的变电站,增加中压输电的电力电缆长度。通常而言,中压变配电站的供电半径可达 10 km。

7.2 照明配电与接地

7.2.4

1 地下道路、越江隧道、高速公路收费区和服务区、大型停车场、码头装卸区、重要的公共活动场地的照明系统均由建设工程设置的独立变压器供电,应采用 TN-S 接零保护制式,即"A、B、C、N 三相四线+PE 线"的配线方式。

2 上海市电业部门为道路照明供电的基本形式是由"A、B、C 三相+PEN 线"组成的 TN-C 接零保护制式。

实际工程中通常是在照明控制箱(或综合电源箱)处将 PE 导体与 N 导体分开;箱体两端设接地措施,与 PE 线连接;箱体引出的电力电缆为三相四线 A、B、C、N 与 PE 线。每盏路灯处再设置接地极,与电缆的 PE 线连接,实现 TN-S 保护接零。因此,从道路箱变(或供电点)到灯具终端道路照明的整个配电保护系统,可视为 TN-C-S 接零保护制式。

若供电部门提供的电源中心点直接接地,而仅仅向电气设备提供 A、B、C、N 三相四线。设备外露部分需另设直接接地的 TT 接地保护制式。此时,照明控制箱(或综合电源箱)两端、每盏路灯处应分别设置独立的接地极,整个路段道路照明实施的 TT 接地保护制式下的照明控制箱(或综合电源箱)输出端必须设置漏电保护开关。

7.2.5

    2 本市(地面)道路照明工程通常选用截面为 $4\times25+1\times25\ mm^2$ 的五芯铜电缆,特殊地区可以选用 $4\times35+1\times35\ mm^2$ 的五芯铝合金电缆作为照明的配电电缆。

8 监控系统

8.1 一般规定

8.1.3

上海浦东机场、虹桥商务区、外高桥保税区、迪士尼等区域是本市道路照明管理的特殊区域,与各区的管理等级相当,均自行建设和管理路灯。

上海市和各区道路照明控制中心是独立设置的具有道路照明监控平台功能的控制中心,分别为市级中心、区级分中心、特殊区域中心。高速公路照明和隧道照明的控制设施分别附设在高速公路监控中心、隧道监控中心。

8.1.4

本市地下道路和越江隧道按照现行上海市工程建设规范《隧道发光二极管照明应用技术标准》DG/TJ 08—2141 已建成照明设施监控系统,承担照明系统设备检测和信息采集,并按照隧道照明的需求承担隧道基本照明和加强照明的控制以及应急处理等功能。本市道路照明控制中心监控平台应采集地下道路和隧道照明设施的档案信息、设施状态、监控设备档案信息、监控设备运行数据、设施设备维护信息以及各类统计数据,如设施量统计、设备量统计、用电量统计等,并遵循上海市道路照明行业管理的各项要求。

8.1.6

道路照明设施监控系统的建设可采用模块化思路,即开通一条道路,同步实现该路段照明的自动监控,道路照明监控系统整体上具备高度的扩展性。

8.1.8

道路照明设施监控系统应具备对路灯运行状态监控的功能,能够及时发现未正常运行的路灯,从而尽快采取维修措施,保证路灯的亮灯率。

8.1.10

在道路照明建设或改造工程中同步实施的道路照明设施监控系统,在外场设备安装结束后就应由系统集成商调试开通与控制平台之间的通信和信息的准确传输,并提供该分项的验收报告。

8.2 系统架构与功能

8.2.5

4 综合杆工程建设中的道路照明设施监控系统,除承担道路照明设施监控的功能外,还应承担综合杆设施(包括综合杆、综合电源箱、综合设备箱及箱内电气设备等)的信息采集与管理。

8.3 照明控制

8.3.4

3 对于24 h全天带电线路所配置的TCU应配置每日开关灯时间表,自主实现每日(差异化)的开关灯操作。

8.3.6

道路照明的分区域,可按照国家行政区划或管理单位的管辖区域划分,也可按照气象地理区域划分。

9 节 能

9.1 节能标准

9.1.2

道路照明工程的实际设计中,照明功率密度值不宜大于表9.1.2的取值。

当道路设计的亮度值高于表9.1.2对应的亮度值时,照明功率密度值不得相应增加。

表9.1.2中所列道路照明场景的路面材质均指沥青路面。

9.2 节能措施

9.2.2

道路照明控制方式有光控、时控、光控与时控结合、远程遥控等几种方式,本市的道路照明控制宜首选远程遥控的方式。

9.2.3

在实施路灯单灯(群)控制的条件下,初装的LED路灯可采用调低灯具光输出的方式运行,以达到进一步节能的目的。

9.2.4

基于对路灯维护系数的要求,设计考虑初始安装路灯的配置功率会高于标准照明的要求。为此,对初始运行的照明系统,可考虑在达到道路照明标准的原则上,调低灯具的输出流明数,从而实现路灯照明的初始节能。

10 施工与验收

10.2 验收机制

10.2.4

改扩建道路交通便道是指施工期间用以维持交通通行的辅助道路。改扩建道路交通便道的照明设施也称临时照明设施,原则上仍应按照道路功能性照明的取值标准执行。灯具、杆件可视实际情况利旧或适当降低要求,但不得降低道路功能性照明的相关指标。

10.3 验收内容

10.3.1

3 大型城市桥梁、公路桥梁道路照明的供电,采用中压输电及现场地下式变压器降压后向照明灯具供电,所以还应有照明变压器的验收内容。

10.3.3

鉴于路面亮度检测对仪器、仪表和检测手法的要求较高,道路照明工程验收通常以地面获得的照度检测值作为设计评估和工程施工验收的依据。

需注意的是,设计阶段依据路面亮度标准选用 LED 灯具、确定灯具功率时,需考虑维护系数(通常取 0.7)。因此,实际工程中安装的 LED 灯具投射到地面的照度检测值,是设计阶段所选用的路面亮度标准折算到路面获得的照度值除以维护系数(0.7)的结果。